照明

郭明卓 著

现代照明设计 How Modern Lighting Design
与空间生命力 Gifts Life to A Space

明

法则

U0291547

江苏凤凰科学技术出版社

南 京

图书在版编目（CIP）数据

照明法则 / 郭明卓著． —— 南京 ：江苏凤凰科学技术出版社，2020.1（2022.5重印）

ISBN 978-7-5713-0619-9

Ⅰ．①照… Ⅱ．①郭… Ⅲ．①室内照明－照明设计 Ⅳ．①TU113.6

中国版本图书馆CIP数据核字(2019)第234756号

照明法则

著　　　者	郭明卓
项 目 策 划	凤凰空间／翟永梅
责 任 编 辑	刘屹立　赵　研
特 约 编 辑	翟永梅

出 版 发 行	江苏凤凰科学技术出版社
出版社地址	南京市湖南路1号A楼，邮编：210009
出版社网址	http：//www.pspress.cn
总 经 销	天津凤凰空间文化传媒有限公司
总经销网址	http：//www.ifengspace.cn
印　　　刷	天津图文方嘉印刷有限公司

开　　　本	787 mm×1092 mm　1／16
印　　　张	12
插　　　页	1
字　　　数	240 000
版　　　次	2020年1月第1版
印　　　次	2022年5月第4次印刷

标 准 书 号	ISBN 978-7-5713-0619-9
定　　　价	68.00元

图书如有印装质量问题，可随时向销售部调换（电话：022-87893668）。

序

　　我是一名从事环境设计 30 余年的设计工作者，从接触这个领域之初，便觉得这个领域拥有十分宽广的范畴：从外部空间到内部空间，从内部空间到内部空间中的微空间，从景观、建筑到室内再到家具饰物。这些方面相互影响、相互作用，需要环境设计工作者全盘统筹考虑，而这些恰恰也是吸引我入门并为之一探究竟之处。一名好的环境设计者不但要着眼于外在表现，更要打磨出令设计产生高于外在表现的内在价值，从而为每一位生活在这个空间的人带来一份舒适与慰藉，而光的设计是其中尤为重要的一环。设计师借助点线面的变化，把设计落实到景观、建筑、室内的每一寸空间，最终回到造型、材料、自然和光影。

　　本书的作者是一位优秀的环境设计师，她从照明设计师的角度写出环境与光的专业技术问题与解决之法。在我的认知中，空间的物理学与美学所构成的体系——造型、材料、光影，一般来说是设计者要最先建构的形态基础，然后再深入到力学结构、机电设备、家具饰品……也就是说，光的设计是一个优质环境设计的重要前提，而非设计后的补充。作者开篇也指出了这个问题，她先点出了光在空间中的重要意义，然后列出照明学中重要、关键的概念并进行说明，再延展到各种类型空间的照明设计，从而厘清了照明技术与空间呈现效果之间的关系。

　　在细细品读本书后，你会发现这不仅是一本值得室内设计师和照明设计师研读的专业教程，也是客户与照明设计师沟通时很好的技术纽带。总之，本书总结了很多专业、深刻的经验，提供给各专业领域照明设计师在处理不同空间时必须把握的原则，并带领读者一起理解每个空间照明设计的核心所在。在阅读和使用本书时，你会觉得是在与一位热情且耐心的师长同行，使你拨开迷雾，得到自我的提升。

　　这是一本关于光影与空间的书，关于实与虚的书，关于物理学、工学、美学的书，也是引领我们透过美好的外在，找回设计初衷的书。

目录

学习照明，
你需要懂这些

我们生于光之中。季节的变换通过光感知。只有当世界被光唤醒时，我们才能认识世界……对我而言，大自然的光是唯一的光，因为它有心境——它为人们提供了一个普遍一致的基础——它使我们与永恒世界相联系。大自然的光是使建筑成其为建筑的唯一的光。

——路易斯·康

　　光，如同空气一般相伴在我们的生活中，借助于物体反射光的自然法则，我们对物体的存在形式有了了解，照明设计师则在被照物上合理地分配着光的使用量，从而组成了建筑及空间的光环境。同时，光会按照它的"想法"给你以强烈的心理暗示。古埃及人发现，在埃及地区非常清晰且明亮的阳光直接照射下，浅薄的凹凸浮雕给人一种威武有力的感觉（图 1.0.1）。而古希腊人则发现，在希腊地区不那么强烈的光照下，浮雕却显得无比逼真（图 1.0.2）。在多云以及漫射光充足的北欧地区,哥特式大教堂的设计师不得不把雕像塑造得高大威猛(图1.0.3）。这都是由于阳光在不同的地理位置上有不同的表现所造成的，这些道理同样存在于人工光的设计中。

　　每个人对光的认识有所不同，光对人类产生的影响却有一定规律可循。如日常生活中人们普遍遵循的日出而作、日落而息。或许人类有趋光性，这是一种生物对光靠近或远离的习性，也是生物应激性的一种，是长期自然选择的结果。怎样的光环境让人类感觉最适宜呢？这很难用语言准确地表达，但一定可以感受

图 1.0.1　自然光下的建筑（一）
埃及地区，太阳直射光强烈，建筑表面的细微凹凸都会产生明显的阴影

图 1.0.3　自然光下的建筑（三）

图 1.0.2　自然光下的建筑（二）

希腊地区，太阳直射光不强烈且与天光均衡，建筑表面的浮雕需要更具立体感才能凸显

北欧地区地处高纬度，决定了它的自然光照相当缺乏，在基本为漫射光的照明环境下，建筑所有的纹饰必须以立体雕刻的形式呈现

得到。比如入住某些高档酒店时，酒店的光氛围让人觉得放松和舒适，并且有多种可以选择的模式，适应多种情境。也许你不懂照明，但一定享受过照明带给你的舒适感。

人工照明是一个无限追求自然光的过程，一方面人工照明比自然光更可控，另一方面自然光质量优于人工光。为了使两者更好地结合，催生了照明设计这个专业，同时从业的人员被称为照明设计师。他们一方面熟悉自然光，另一方面了解并能够控制人工光。

1.1 自然光与人工光

1. 什么是自然光

照明设计师口中所说的自然光，指的是自然界中所产生的、被生物用于生存的最普遍的光。具体包括：日光，即太阳直射光；天光，即太阳光线经大气层散射后的光线，也就是我们常看到的蓝色的天空发出的光；月光，即太阳光线经月球反射后的光线。这三种自然光在不同时段又会呈现出不同的色温（图 1.1.1）。

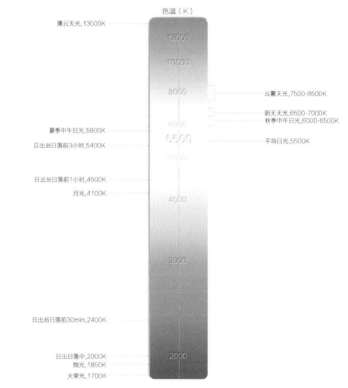

图 1.1.1　自然界中各种光的不同色温

01

照明法则：室内照明设计的宗旨在于——模拟自然光，控制自然光。

◎照明贴士　星光是不是自然光？星光是自然光，但星光太弱，无法达到照明的目的。

由于人类的进化过程是在自然光的环境下进行的，所以现代社会的建筑设计以及照明设计仍以最巧妙地利用自然光为最高境界。

火光虽然在自然界中也会出现，但是由于偶然性太大，而绝大部分的火光是人为产生的，所以一般将其归入人工光。

2. 什么是人工光

人工光在设计领域一般指人在生产生活过程中发展出的光，比如火光、烛光、白炽灯光、荧光灯光等。

人工光的使用无非是对自然光的"补充"。如同早期人类居于山洞中自然光无法进入，需要火光的补充；而现在夜晚的自然光不足，需要灯光的补充。在自然光无法满足人们生活生产需要时，都需要人工光的补充。而用于补充的人工光自然是以自然光为模拟的目标，越接近越好。关于光的各种参数，如光通量、照度、波长、色温、显色指数、色容差值、光谱等，都是为了考量人工光与自然光的差别而一步步发展出来的。

人工光从产生到发展，一步步走到今天的 LED（Light Emitting Diode, 发光二极管，是一种能够将电能转化为可见光的固态的半导体器件，它可以直接把电转化为光）时代。当然新旧光源之间也有模仿的等级（图 1.1.2）。

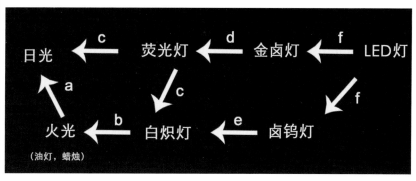

图 1.1.2 新旧光源之间的模仿等级（只是大致方向，不绝对）
a. 火光（油灯、蜡烛所发出的光）以模仿日光为目的（希望将黑夜变为明亮的白天）
b. 白炽灯以模仿火光为目的
c. 荧光灯一个发展方向是模仿日光，另一个发展方向是模仿白炽灯
d. 金卤灯以模仿荧光灯为目的
e. 卤钨灯以模仿白炽灯为目的
f. LED 灯以模仿金卤灯和卤钨灯为目的

3. 自然光与我们

自然光的生动变化、随着光线方向的转变而产生的强度变化，以及它丰富的光谱构成都是决定我们舒适感的重要因素。舒适的光线可以减轻人的疲劳感、提高创造力。光线的变化不但可以刺激我们的大脑，还能增强视觉对环境的判断

力。如从清晨到傍晚的转变、从夏日阳光明媚到冬日灰雾蒙蒙的变化。而进入房间的自然光就建立起了人与外部环境的联系，这是评判空间环境的一个重要心理因素。

几乎没有人会否认日光的重要性或者是它对人体身心健康所起到的有益作用。特别是最近，更多的注意力转移到了自然光上，尽管在如何达到自然光般的照明效果的问题上还有许多未知数，但其中也有了已经确定的结论：有固定变化规律的日光决定了人对时间的理解（季节和日夜的更替或者生理周期的节奏），并且对平衡内分泌起着重要的作用。同时，日光还影响着视觉器官的进化史。白天眼睛的工作效率很高，对某个特定照明环境的判断总是有意或者无意地建立在与日光中的经验的对比之上。

4. 人工光是否可以替代自然光

03

照明法则：再先进的人工光也无法替代自然光。

打个比方，人类千百万年的进化是在日光下进行的。如果我们只待在一个空屋子，里面应用着无限接近日光的光源，是否可以完成进化呢？答案应该是否定的。或者可以这样理解，光分为两部分：一部分是我们肉眼看得到的，一部分是我们看不到而需要感知的。

1.2 谁在使用光到底重不重要

光的使用者就是光所照亮的物体或空间的使用者，使用者的状态直接决定了光的状态，比如盲人是不需要用光来照亮空间和物体的。日常生活中，使用者是工作状态还是休息状态直接决定了空间中光的状态。但是，一般设计师会忽略使用者的身体状态，其实年老的使用者和年轻的使用者在相同状态下对光的需求是完全不同的，有时会有几倍的差距。

因此，谁才是光的使用者是非常重要的。设计的观点是相通的，以人为本的光环境设计，才是解决之道。

1. 了解光的使用者

04

照明法则：照明设计需要根据光的使用者的不同而采取不同的设计，即了解客户的需求、能力和行为方式，再进行光环境设计。

设计师要先分析客户的需求、能力和行为方式，然后用具有针对性的设计来满足人们不同的需求。良好的光环境设计，起始于对使用者心理及使用产品技术的理解。优秀的光环境设计需要多方面的考虑，尤其是对光设备的了解及与人的沟通，包括灯具的外观、出光的角度、安装的位置、终端的开关面板；人在使用的过程中，可能会有哪些行为，有可能产生哪些结果。这不仅是一个灯具产品经理需要考虑的，更是照明设计师需要站在使用者的角度考虑的。

2. 设计师经常会遇到的设计沟通误区

例一：很多设计师会忽略同使用者的第一次沟通，这是非常糟糕的。或者

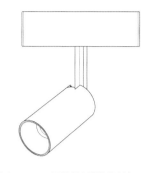

图 1.2.1 照明顾问所说的射灯

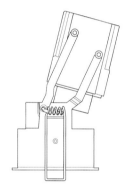

图 1.2.2 室内设计顾问所说的射灯

在沟通过程中，过分高估了对方的专业性，这是更糟糕的。而这样的事情通常发生在不同专业设计顾问当中。例如照明顾问跟客户说的射灯与室内设计顾问跟客户说的射灯，所指往往是不同的。照明顾问所说的射灯是轨道安装（或表面安装），灯具完全暴露在外，下半球面完全可以自由旋转（图 1.2.1）。室内设计顾问所说的射灯通常指可调角下照灯（图 1.2.2）。大家可能觉得这只是个习惯问题，但这种不一样的习惯，有可能造成空间中出现大相径庭的两种灯具设备。

例二：室内设计顾问说"这面墙我想要设计成洗墙效果"，照明顾问配置了洗墙灯具达到了洗墙效果（图 1.2.3），其实室内设计顾问心中的洗墙效果是图 1.2.4 的样子，从图中我们看到了两种不同的灯光效果。

图 1.2.3 照明顾问所认为的洗墙效果（图片来源：名谷设计机构）

图 1.2.4 室内设计顾问所说的洗墙效果（图片来源：iGuzzini）

◎**照明贴士** 利用简单而易于理解的小工具，可以消除常见的沟通误区。

为了避免产生这种设计误解，照明顾问在第一次沟通的时候，需要带一些效果道具（图1.2.5、图1.2.6），比照性地询问业主哪种是他们想要达到的效果。再根据实际情况进行设计，进而在设计过程中，调整之前业主的一些想法。

图 1.2.5　展示灯具效果的道具

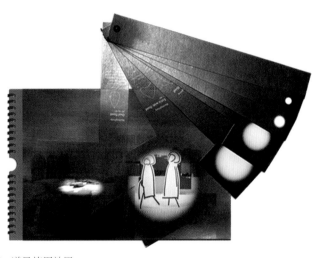

图 1.26　道具使用效果

以上两组图是一种简单又较为直接的展示灯具效果的道具。图1.2.5展示了该道具的三个组成部分：第一，扇形的小卡片组合，每一张上线卡片展示了厂家对应产品灯具的配光；第二，透明的空间模拟图；第三，黑色的无光板。图1.2.6则是使用的实际效果。选择扇形卡片上希望运用的灯具，放在透明的空间模拟图与黑色的无光板中间，可以明显地看到实际呈现出的效果。

设计师们还会遇到另一种沟通困难，即使用者不知道自己想要什么，却指出呈现的设计结果不是他们想要的。也许有人会说，用科技的手法虚拟一个最终的效果，而且最近也有机构开始用 VR 技术来向业主呈现最终的照明效果。但这只是一个辅助的手段，实际设计过程中定义所有使用者的需求是很困难的，因而以人为本的设计原则要尽可能地规避限定问题，而要不断反复地验证，寻找问题的真相。2005 年英国设计协会提出了以人为本的设计流程（图 1.2.7），虽然其是针对产品设计而提出的，但对于照明设计师而言，对初期的思考和沟通过程非常有帮助。

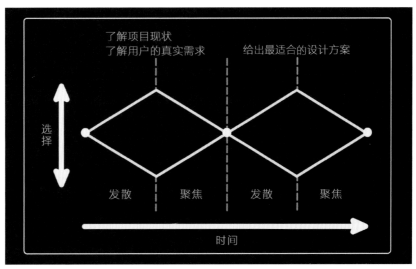

图 1.2.7　以人为本的双钻设计流程

应用实例：这是我们遇到的一个案例，客户之前委托了一家照明顾问公司，由于持续 8 个月没有通过设计方案，所以客户与其解约，寻找新的设计顾问公司。我们在第一次跟客户沟通并询问解约原因的时候，客户说上一家照明公司声称因为建筑结构的限制，只能装三种形式的灯具，分别呈现三种不同的效果。项目还没有开始挖地基，建筑初步形态刚确定，还是有调整的可能的，客户希望得到适合项目的灯光设计方案，而不是一套灯光解决方案。

在最初的设计阶段，我们要求设计师按双钻设计流程的思路来思考问题。即设计团队在第一个菱形阶段，深入了解项目现状，反复了解用户的真实需求，经过发散的构思创意和聚焦的现实落地，进入第二个菱形阶段，给出最适合的设计方案，从而顺利满足用户的需求。

从以上案例可以看出，该客户是非常有经验的，但上一家照明顾问的处理方式，缺少反复验证和寻找真相的过程。

05

照明法则：照明设计的介入时间应是在项目立项时，而不是建筑将要完成时，这样才能为各专业提供无限可能的设计灵感。

1.3 别让灯具销售商混淆概念（关于光的几个基本概念）

查询任何一本照明设计规范通常都可以查到下面几个基本术语，但是初涉照明专业的设计师很难理解这些概念，而有些不专业的灯具供应商又有意无意地混淆概念，持续误导着设计师，使得这些概念被无限神化了。为了帮助设计师理解这些术语，下面会给出每个概念的定义，如果感到定义晦涩难懂，可以结合通俗易懂的照明贴士来理解。

1. 光通量

根据辐射对标准光度观察者的作用导出的光度量，单位为 lm（流明），1 lm = 1 cd（坎德拉）·1 sr（球面度）。对于明视觉有：

$$\Phi = K_{m} \int_{0}^{\infty} \frac{\mathrm{d}\Phi_{e}(\lambda)}{\mathrm{d}\lambda} V(\lambda) \mathrm{d}\lambda$$

式中：$\mathrm{d}\Phi_{e}(\lambda)/\mathrm{d}\lambda$ —— 辐射通量的光谱分布；

$V(\lambda)$ —— 光谱光（视）效率；

K_{m} —— 辐射的光谱（视）效能的最大值，单位为 lm/W。在单色辐射时，明视觉条件下的 K_{m} 值为 683 lm/W（当 λ = 555 nm 时）。

◎照明贴士　光通量即光的多少，也可以按字面意思理解，即光通过的量。光源的光通量越多表示它发出的光越多。我们用流明来衡量光通量，一个光通量 100 lm 的光源发出的光是光通量 50 lm 光源的一倍。

照明设计师可以不会背光通量的定义，但利用表 1.3.1 中列出的一些常见光源的光通量，可以直观地了解 1 lm 的光意味着什么。

在实际设计工作中，光通量这个参数可以在厂家提供的产品样本中找到（图 1.3.1）。

表 1.3.1　常见光源的光通量

常见光源	光通量（lm）
1 只蜡烛	15
40 W 白炽灯泡	400
5 W LED 灯泡	500
50 W 卤钨灯泡	900
18 W 节能灯	1100
28 W T5 荧光灯管	2600
中午一扇 2 m×2 m 背阳的窗	10 000

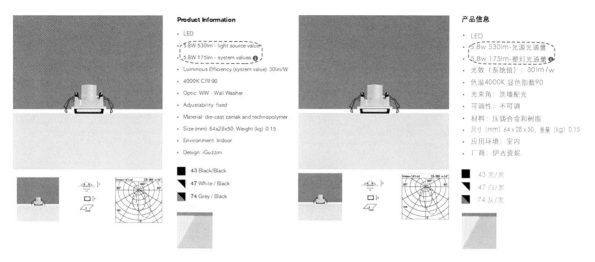

图 1.3.1　灯具样本中标示的光通量（左图为灯具样本所示，右图为参数解释）

2. 照度

入射在包含该点的面元上的光通量 $\mathrm{d}\Phi$ 除以该面元面积 $\mathrm{d}A$ 所得之商。单位为勒克斯（lx），$1\,\text{lx} = 1\,\text{lm/m}^2$。

◎照明贴士　照度可以理解为受光面上每平方米照射光的光通量，也可以理解为受光面上光的密度。$1\,\text{lm}$ 的光均匀照射到 $1\,\text{m}^2$ 的平面上，照度即为 $1\,\text{lx}$。

应用实例： 表 1.3.2 中列举了一些常见场景的照度值，让大家对照度有一个直观的认识。

表 1.3.2　常见场景的照度

常见场景	照度（lx）
夏日阳光下	300 000
阴天室外	3000 ~ 10 000
日出日落	300
月圆夜	0.031 ~ 0.31
室内窗台（无阳光直射）	2000
黄昏室内	10
烛光（20 cm 远处）	10 ~ 15

3. 发光强度

发光体在给定方向上的发光强度是该发光体在该方向的立体角元内传输的光通量 $d\Phi$ 除以该立体角元所得之商，即单位立体角的光通量。发光强度的单位为坎德拉（cd），1 cd = 1 lm/sr。

◎照明贴士 发光强度也可简称光强，光强是一个与方向有关的量，可以理解为某个方向上光的密度。假设一个灯具照射的方向为0°，以0°为中心取水平1°、垂直1°的一个立体角（当然真正立体角的计算不是这样简单的，这种方式只是为了方便大家理解），然后测试这个角中的光通量（图 1.3.2）。

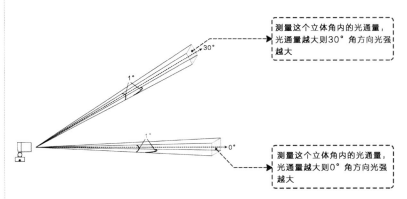

测量这个立体角内的光通量，光通量越大则30°角方向光强越大

测量这个立体角内的光通量，光通量越大则0°角方向光强越大

图 1.3.2 光强的概念示意

由图 1.3.2 可见，光通量越大，则 0° 方向的光强越大。若测试的 30° 方向单位立体角中的光通量为 1350 lm，则得出 30° 方向的光强为 1350 cd。

根据这个数据绘制了配光曲线图（图 1.3.3），图中径向的角度就是方向角，

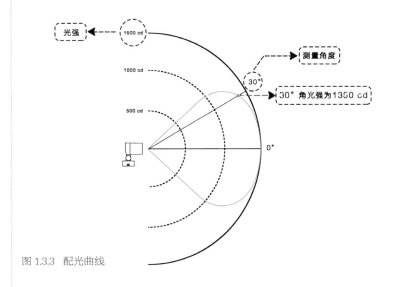

光强　1500 cd

1000 cd

500 cd

测量角度

30°

30° 角光强为1350 cd

0°

图 1.3.3 配光曲线

一个个同心圆就是光强大小，越靠近外圈则光强越大。图中红色图形代表灯具光强随角度变化的曲线。红点表示灯具与中轴线成 30° 角时的光强为 1350 cd。了解了这个灯具的配光曲线就对光强一目了然了。

有些灯的配光曲线尖锐（图 1.3.4），说明光束角小；有些灯的配光曲线如水滴（图 1.3.5），说明光束角大。

应用实例： 关于尖锐的配光曲线和水滴状的配光曲线实际打出的光斑效果，分别如图 1.3.6 和图 1.3.7 所示。

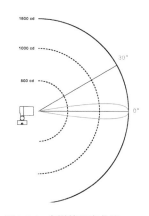

图 1.3.4 尖锐的配光曲线

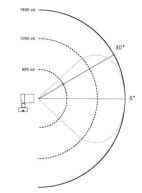

图 1.3.5 水滴状的配光曲线

图 1.3.6 尖锐的配光曲线光斑效果（图片来源：名谷设计机构）

图 1.3.7 水滴状的配光曲线光斑效果（图片来源：名谷设计机构）

4. 显色性

显色性是与参考的标准光源相比较，光源显现物体颜色的特性。

◎照明贴士 显色性基本可以理解为光源还原物体本来颜色的能力。

什么是物体本来的颜色？就是物体在阳光（是阳光不是天光）下呈现的颜色。我们知道，人造光源与自然光源表现颜色的能力是不同的，也就是说人造光源照射物体呈现的颜色和物体的"本来颜色"是有差别的。描述显色性好坏的指标是显色性指数，显色性指数最小为 1，最大为 100。显色性指数越高的光源，照射物体所呈现的颜色与物体的"本来颜色"差别越小（图 1.3.8、图 1.3.9）。日常生活中使用的光源显色性指数基本为 80 以上。

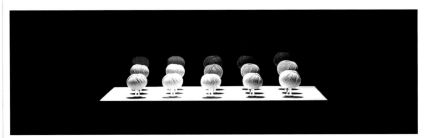

图 1.3.8　显色性指数高，所表现的实物（图片来源：iGuzzini）

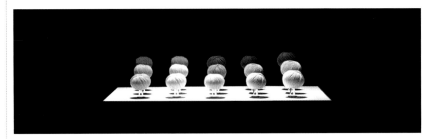

图 1.3.9　显色性指数低，所表现的实物（图片来源：iGuzzini）

应用实例：有些店铺货架上的物品在你买回家后看起来没有在货架上漂亮，可能就是你家中的灯具光源显色性指数低造成的。

5. 眩光

由于视野中的亮度分布或亮度范围的不适宜，或存在极端的对比，以致引起不舒适感觉或者降低观察细部或目标的能力的视觉现象称为眩光（图 1.3.10、图 1.3.11）。

图 1.3.10 有眩光情况

图 1.3.11 无眩光情况

 **◎照明贴士** 在人的视野中出现大大超过背景亮度的发光体，这时我们的眼睛会感到不舒服，并且降低我们对物体的观察能力。这里有两个要素，即发光体的亮度、背景的亮度。只有这两者亮度差别过大时才会产生眩光。例如黑夜中直射你眼睛的手电筒会产生眩光，但是白天在户外打开手电筒则未必会产生眩光。

眩光引起的不适是因人而异的，有人表现为头晕，有人表现为眼球疼痛，有人仅仅是瞬间的眼前发白。因此设计师不要因为自身对眩光不适的不敏感就忽视其重要性。另外眩光最大的危害其实是"降低观察细部或目标的能力"。

应用实例： 例一：夜间对面行驶车辆的远光灯会让驾驶员难以观察到横穿马路的行人，所以我们在会车的时候尽量用近光灯。

例二：屏幕表面的灯具倒影会让阅读者看不清显示的文字，我们需要调整灯具的位置。

这都是一些避免产生和消除眩光的方法。

6. 色温

当光源的色品与某一温度下黑体的色品相同时，该黑体的绝对温标为此光源的色温。色温亦称"色度"，单位为开尔文（K）。

其中"黑体（black body）"，是一个理想化了的物体，它能够吸收外来的全部电磁辐射，并且不会有任何的反射与透射。换句话说，黑体对于任何波长的电磁波的吸收系数为 1，透射系数为 0。物理学家以此作为热辐射研究的标准物体。

"绝对温标"又称热力学温度、开尔文温标，简称开氏温标，是国际单位制七个基本物理量之一，单位为开尔文，简称开，符号为 K。其描述的是客观世界真实的温度，同时也是制定国际协议温标的基础，是一种标定、量化温度的方法。我们日常用的摄氏度中的 0 ℃等于 273.15 K。

◎**照明贴士** 色温抛开其容易引起误解的名字，简单来说就是一个描述光的颜色的物理量。如果只是想知道具体多少色温对应什么颜色可参考图 1.3.12。

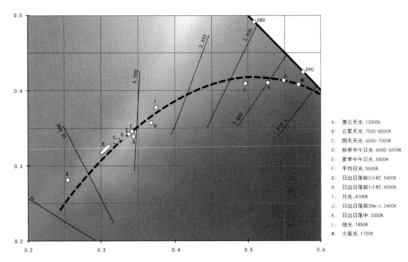

A：薄云天光，13000k
B：云雾天光，7500~8500K
C：阴天天光，6500~7000K
D：秋季中午日光，6000~6500K
E：夏季中午日光，5800K
F：平均日光，5500K
G：日出日落前3小时，5400K
H：日出日落前1小时，4500K
I：月光，4100K
J：日出日落前30min，2400K
K：日出日落中，2000K
L：烛光，1850K
M：火柴光，1700K

图 1.3.12　色温与黑体辐射轨迹

这里你会问：我们在色彩学中已经有很多复杂的颜色体系了，色温和它们有什么不同吗？

回答这个问题，我们要知道，大自然里的光有很多不同之处。图 1.3.13 为太阳光中不同颜色光对应的波长，这个图也称为太阳的光谱。光又可以分为单色光和混合光，在照明领域，描述单色光我们用"波长"这个概念，例如 650 nm 波长的光为红色、470 nm 波长的光为蓝色。

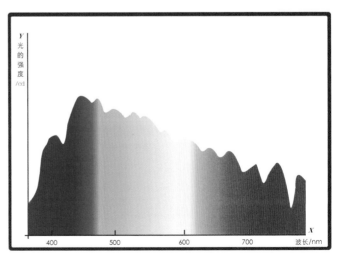

图 1.3.13　太阳光谱

　　在混合光中，如果有明显的颜色，那就可以利用各种颜色命名，比如"紫罗兰""湖绿"等。但是如果混合光接近白光，但是又有一些偏向性，就很难用波长或颜色来准确描述了。例如当我们需要一个偏黄色的混合光时，不能简单地说"我要黄光"，因为这样别人很可能会误解你需要一个黄色的单色光。那如何来描述这种混合光呢？科学家们在研究黑体辐射时就发现黑体辐射只和温度有关。也就是说固定温度的黑体发出的混合光是稳定不变的，而温度变化后黑体发出的混合光也会变化。于是出现了一个奇妙的现象，就是当我们需要一个混合光时，不需要解释它的颜色，只需要告诉实验室把黑体加热到多少温度就可以了。久而久之，黑体的温度就变成混合光的界定标准了。如 2000 K 的光意味着把黑体加热到 2000 K（2000-273=1727℃）后发出的光。这也就是色温最初的定义。后来终于发展出了一个系统将单色光和所有的混合光结合在一起了，即 CIE（国际照明委员会）色度图（图 1.3.14）。用 X-Y 坐标值（色标值）表示光的颜色，理论上包含自然界所有颜色的光。在这个图上有色区域的马蹄形的边缘为单色光，图上标有波长。所有温度下的黑体发出光的色坐标点连成了一条曲线，称为"黑体轨迹"或"克朗普轨迹"。

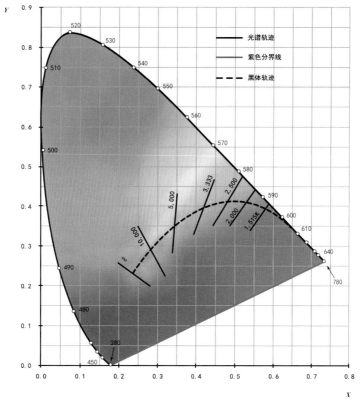

图 1.3.14　CIE 色度图

从图 1.3.14 中可以看出低色温的光偏橙红，高色温的光偏蓝色。而红、橙、黄色被归为暖色调，蓝色被归为冷色调。因此，色温较高的光，设计师应表述为"较冷的光"；色温较低的光，应表述为"较暖的光"。而不用"黄光"或"蓝光"来描述混合光。

应用实例：图 1.3.15、1.3.16 分别为低色温与高色温下商品呈现效果。

图 1.3.15　低色温下商品呈现效果

图 1.3.16　高色温下商品呈现效果

1.4
到底应该怎样选择光源

06
照明法则:了解每一种光源的"脾气性格"很重要!

照明科技发展到今天已经发现了数百种光源,日常使用的也有几十种。各种光源的发光原理、体积、光效、光的质量、适用环境各不相同,这就要求设计师根据不同的项目选择最合适的光源。

光源根据发光原理可以分为热辐射光源、气体放电光源、电致发光效应(LED,也称场致发光效应)光源三大类。每个大类下又可以细分。由于我们不是光源的研发者,这里会比较笼统地列出一些常用的光源类型,并归纳在插页1中,帮助大家理解、记忆。

现在 LED 光源的飞速发展让设计师误以为只采用 LED 光源就可以满足所有的设计要求了。这里需要说明的是,照明设计师仍然需要了解传统光源,才能更好地应用 LED 光源,并丰富我们的设计手段。

原因 1:人的生活习惯是不容易改变的,对于传统光源照明形式的依赖使得 LED 光源仍然必须延续传统照明形式,了解传统光源的优缺点才能更好地使用 LED 光源。

原因 2:由于发光原理的不同,对于部分传统光源 LED 光源仍然没有廉价的替换方案(无法完全达到光谱一致性),所以传统光源仍然在某些领域具有优势。

◎照明贴士 不要被当下流行的 LED 灯具供应商所"绑架",LED 光源只不过是一个新兴、有潜力的光源类型而已,并不是适合所有项目的"灵丹妙药",我们需要充分了解它的优势与劣势,做出正确的选择。

1.5
室内灯具类型概述

图 1.5.1 导轨射灯

国内对灯具有过一些分类和定义的标准,但是随着技术的发展和国外产品进入我国,现在市场上的灯具没有严格的分类标准,各类型的命名也没有明确的定义,一般有实力的厂家(以国外品牌为主)都有自己的分类方法,中、小厂家只能跟从。下面我们大致介绍一下照明行业内约定俗成的几种室内灯具的类别,也会将国内、国外的分类方法做简要介绍,帮助大家了解灯具的分类。

1. 导轨射灯

导轨射灯,又称轨道射灯或导轨灯具。就是可以自由安装于特制导轨之上,利用轨道中通电的铜丝或铜片取电的灯具(图 1.5.1)。

国外的某些厂家将轨道灯具命名为"spot"或"spot light",字面上理解为"光斑灯具",可能是由于导轨射灯多为窄角度灯具,投射在墙面和地面上会形成一个个明显光斑的缘故。其实导轨射灯并不一定是窄角度的,也有宽角度和洗墙配光的,但不可否认,用"spot light"这个最明显的特点代指所有的导轨射灯也是不错的。也有国外厂家切实地用"luminaires for track"(导轨上的灯具)命名的,并将窄角度的灯具称为"spot light"、宽角度的灯具称为"flood light"、洗墙配光的灯具称为"wall washer"。

2. 下照灯

下照灯（downlights）安装于天花板上，向下投射光线，一般为空间提供基础照明。可能是因为初期的下照灯多为圆圆的桶状体的缘故，所以国内俗称为筒灯。根据安装方式不同，嵌入天花板安装的称为嵌入式下照灯或嵌入式筒灯（图1.5.2），明装于天花板表面的称为明装下照灯或明装筒灯（图1.5.3）。有些下照灯可以调节照射方向，称为可调角度下照灯或可调角度筒灯（图1.5.4）。

这里需要说明的是，国内的室内设计师还有另一种约定俗成的分类法，他们将固定竖直向下出光的下照灯称为筒灯，而将可调角度下照灯称为射灯。我们建议使用下照灯这种分类名称，而不用筒灯这种容易引起误解的灯具名称。也有国外厂家索性将这几种灯具独立分类，将不可调角度下照灯定义为downlight，将可调角度下照灯按光束角度分为嵌入式射灯（recessed spotlights）、嵌入式泛光灯具（recessed floodlights）、嵌入式洗墙灯具（recessed wallwasher）。但是这种分类名称又容易与灯盘混淆。

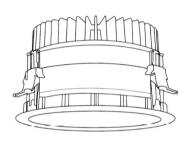  

图 1.5.2　嵌入式筒灯　　　　　　　　图 1.5.3　明装筒灯　　图 1.5.4　可调角度筒灯

3. 灯盘

灯盘，国外有些厂家称之为嵌入式灯具（recessed luminaries）。这种灯具一般用于办公场所，嵌入安装在办公楼通用的矿棉板天花板中，可能是因为形状如盘子一样扁平所以被称为灯盘。早期的灯盘采用荧光灯管，配以格栅片作为光学反射器，所以又被称为格栅灯盘（图1.5.5）。

以前的灯盘尺寸多数按照天花板模数制造（图1.5.6），如600 mm×600 mm、600 mm×1200 mm、300 mm×1200 mm等，所以直管荧光灯的长度也多以300 mm为模数，如600 mm、900 mm、1200 mm、1500 mm等。而现在的灯盘多为LED光源（图1.5.7），办公室天花板也渐渐不使用600 mm×600 mm见方的矿棉板了，所以灯具的样式开始多了起来，也不再使用格栅片了。

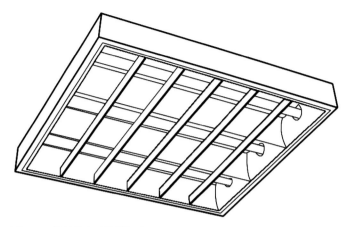

图 1.5.5 传统的老式格栅灯盘

图 1.5.6 模块化天花板
（图片来源：ERCO）

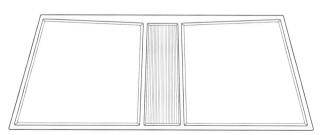

图 1.5.7 现阶段使用的灯盘

4. 明装灯具

明装灯具，也称表面安装灯具，国外称为 surface mounted luminaries 或 ceiling luminaries。这类灯具以前也以直管荧光灯为光源，明装于天花板表面（图 1.5.8）。

明装灯具一般用于不适合嵌入安装灯盘的办公室或其他空间。由于这种灯具一般只能提供基础照明，所以也有厂家将这类灯具定义为基础照明灯具（general light）。

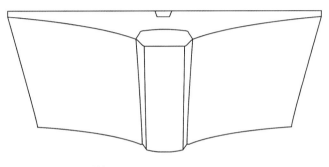

图 1.5.8　明装灯具

5. 吊灯

吊灯（pendant luminaries 或 suspension luminaries），这种灯具与装饰吊灯（chandelier）不同，它不以装饰为主，而主要用于提供照明功能。虽然它们也有一定的装饰性，但是照明设计师在考量时还是会以光学参数作为首要指标。这类灯具可以提供基础照明，也可以提供重点照明，形式非常多样，使用也非常灵活（图 1.5.9）。

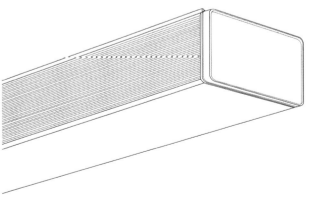

图 1.5.9　吊灯

6. 壁灯

壁灯（wall-mounted luminaries），照明专业的壁灯不注重外形，只考虑照明效果，不只有照亮墙面的壁灯（图 1.5.10、图 1.5.11），也有向上出光用于照亮天花板的壁灯和向下出光用于照亮地面的壁灯。

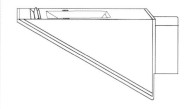

图 1.5.10 壁灯

图 1.5.11 壁灯应用
（图片来源：iGuzzini）

7. 地埋灯

地埋灯（recessed floor luminaries 或 in-ground luminaries），这种灯具在户外使用较多，但是在某些特殊场合室内也会用到（图 1.5.12、图 1.5.13），所以还是在室内灯具分类中加入了这一个类型。

图 1.5.13 室内安装地埋灯实际案例（图片来源：iGuzzini）

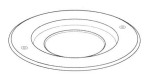

图 1.5.12 地埋灯

8.洗墙灯

最后还要提一个特殊的分类——洗墙灯（wallwasher）。这个灯具的类型和之前的分类是交叉的，轨道射灯中也有洗墙灯（图 1.5.14），下照灯中也有洗墙灯（图 1.5.15），嵌入式灯盘中也有洗墙灯（图 1.5.16）。

这些灯具的外形大相径庭，但是照明效果非常接近，都是提供将一个墙面均匀照亮的效果（图 1.5.17）。

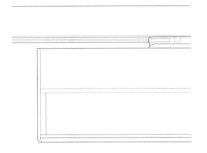

图 1.5.14 轨道洗墙灯

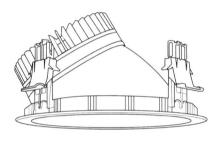

图 1.5.15 下照洗墙灯

图 1.5.16 嵌入式洗墙灯

图 1.5.17 洗墙灯的效果（图片来源：iGuzzini）

这幅画现藏于米兰圣玛利亚德尔格契修道院（Milan Santa Maria delle Grazie）的墙壁上。这张照片是现场拍摄的，照明应用的就是洗墙灯具达到洗墙效果

因此，这类灯具也可以笼统地称为"洗墙灯"。此种分类类似于室内设计师将窄角度的轨道射灯和窄角度的可调角度下照灯都称为"射灯"，有一定的合理性。然而最近几年由于 LED 的技术发展，有一类LED 条形洗墙灯也开始在室内使用了。这类灯具的光是沿着墙面掠过，而不是像之前的洗墙灯那样垂直投射于墙面。于是部分业内人士建议将这种灯具命名为擦墙灯（图 1.5.18），以便和以前的那种洗墙灯区别开。虽然这种叫法目前还没有推广，但是由于这两种灯的照明效果确实是不同的，所以个人认为这种新的分类是有助于照明行业发展的。

关注灯具产品的更新、参加专业厂家每年的路演，也是了解灯具更新的直接手段之一。在初步选定灯具的同时，不要忽略试灯环节，才能更好地保证设计效果。

图 1.5.18 擦墙灯的效果（图片来源：iGuzzini）
擦墙灯更注重表现墙面的材质纹理

1.6
灯具中的光学系统在哪里

在项目的实施阶段，有很多刚入行的设计师会遇到这样的情况：供应商带来了几个灯具，外观大同小异，所用的光源一样，功率也一样，但是通电点亮灯具后，发现灯具发出的光完全不一样（也就是前面介绍的灯具的配光曲线不一样）。这是为什么呢？这种问题往往会困扰设计师。要解释这个问题，我们需要了解什么是灯具中的光学系统。

光学系统顾名思义就是负责灯具中光线的部分，就像电气系统是负责给灯具提供能源的部分，散热系统是负责给灯具降低温度的部分。最初从光源发出的光是全方向的、自由的、不受控的，但是多数情况需要光的位置却是一小部分，例如桌面或墙面。于是就有人利用一些工具将光线集中到需要光的位置，这就是灯具中的光学系统的起源。常见的光学系统恐怕就是灯罩了（图 1.6.1），我们利用灯罩将部分无用的光线反射向桌面，提高桌面的照度。

图 1.6.1　初级的光学系统——灯罩

但是随着灯具的发展，光学系统也越来越复杂。传统光源如卤钨光源、金卤光源、荧光灯，都采用反射器的形式控制光线（图 1.6.2）。传统光源时代，反射器设计的好坏基本就决定了灯具配光的好坏，所以那个时代的供应商往往将自家灯具反射器的设计作为亮点宣传。

而当下越来越多的传统光源日益被 LED 光源所取代，LED 光源从最初的商用空间渐渐进入民用空间，从最初的下照灯渐渐地发展出了线形光源，如今的 LED 光源已经全面取代了面发光灯具。那么，LED 时代的光学系统是怎样的呢？

图 1.6.2　传统反射器
（图片来源：iGuzzini）

1.LED 时代的王者——透镜

从技术的角度讲，LED 发光面积小而且只有 120° 发光角度的特点决定了一块透镜往往是最佳的解决方案。在最初的对称透镜中全反射（TIP）透镜被大量地使用（图 1.6.3）。这种圆锥形透镜可以实现非常小的生产误差，而且经过专业的光学设计可以避免侧向溢散光，通过全反射技术把所有的光向前导出。这种透镜的巨大优点是所有射出光束能够被始终如一地控制。光束角可以非常窄，光斑外形锐利（图 1.6.4）。若实际应用中需要宽光束时，通常通过将透镜表面粗糙化处理或在灯具上添加附件（物理方式）的方式来实现（图 1.6.5）。

因此，到目前为止在需要精准配光的灯具中，透镜是当之无愧的首选方案。

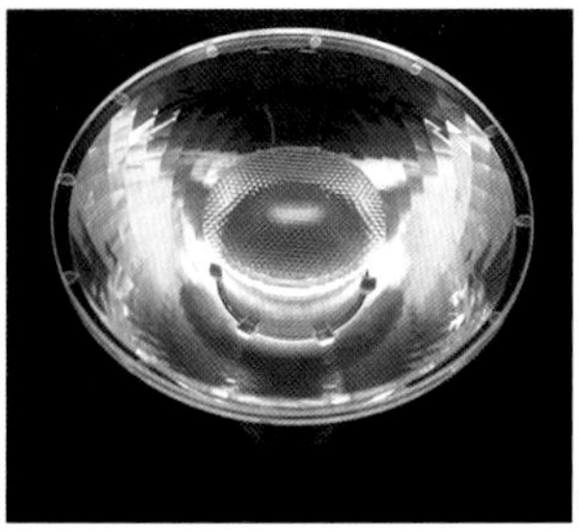

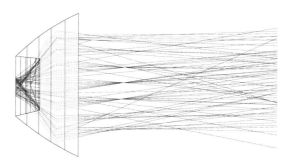

图 1.6.4　软件模拟光线轨迹

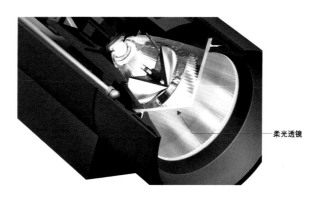

柔光透镜

图 1.6.5　透镜前增加柔光片

2. 高光效的替补，传统反射器的逆袭

透镜的优势是精确的配光，但是劣势也是非常明显。第一个劣势是广为人知的：透镜效率不高。光在进入树脂材料和射出材料时会有损失，材料本身就会吸收光的能量。3 mm 厚聚甲基丙烯酸甲酯（PMMA）或聚碳酸酯（PC）

图 1.6.3　全反射（TIP）透镜
（图片来源：iGuzzini）

这两种最常见的透镜材料，其透射率为 85% ～ 90%，有 10% ～ 15% 的能量损失了。也就是说采用透镜的灯具需要比其他灯具使用更多的芯片和模组，这意味着成本的上升。第二个劣势：采用透镜的灯具由于散热问题，往往会用多个芯片透镜组成 LED 阵列来提高灯具功率，这样灯具照射物体会产生重影（图 1.6.6）。这个问题一般厂家会忽略，但是照明设计师和要求高的使用者却非常介意。第三个劣势：透镜由于折射光线，会出现色散现象，光斑的边缘会产生色环。虽然这些情况可以通过对透镜表面的微处理加以改善，但这样的处理却影响了光束角和出光的效率。

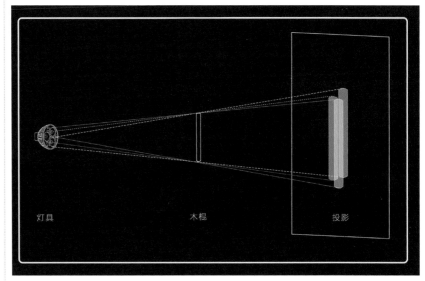

图 1.6.6　由多芯片 LED 阵列产生的重影

因此，当 COB（chip-on-board，是指在整个基板上将 N 个 LED 芯片集成在一起进行绑定封装）芯片 + 传统反射器的组合进入市场后，它们更接近传统卤钨光源的光影效果，一下子就征服了设计师和使用者。另外采用阳极氧化的反射器，反射率可以高达 98%。也不会有色散现象。只需一个芯片和一套光学系统，也降低了灯具成本（理论上，实际的灯具成本计算很复杂）。于是大量的灯具都采用了这种光学模式——传统反射器成功逆袭。

当然，反射器也有缺点，它不能控制所有的光，一部分直射光被浪费了，甚至成为有害眩光的起因（图 1.6.7）。了解了这些才能真正在项目中选择正确的灯具。

随着技术的发展，有些灯具厂家也会将多种技术联合使用，在保证光斑效果的前提下提高效率。例如将透镜和反射器整合使用（图 1.6.8）。芯片发出的光先通过透镜，再利用反射器进行二次配光，达到完美效果。

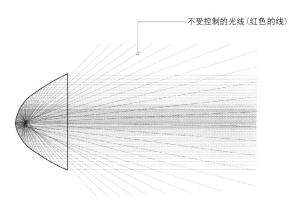

不受控制的光线（红色的线）

图 1.6.7　反射器的光线轨迹

图 1.6.8　在透镜的外端增加反射器（图片来源：iGuzzini）

　　还有就是在反射器前增加光学腔，将 LED 芯片发出的光做充分的漫散射，再利用反射器将光线进行二次配置。这种技术一般是在传统反射器的设计上有优势的厂家会采用（图 1.6.9）。这种技术的优势在于不用特别在意芯片的形式，SMD（Surface Mounted Devices，表面贴装芯片）或 COB 都可以使用这套光学系统（图 1.6.10）。

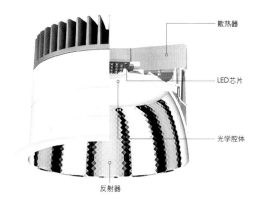

散热器

LED芯片

光学腔体

反射器

图 1.6.9　反射器加光学腔类型的灯具结构（图片来源：Zumtobel）

COB芯片　　　　SMD芯片

图 1.6.10　光学腔中可以采用 COB 芯片或 SMD 芯片（图片来源：Zumtobel）

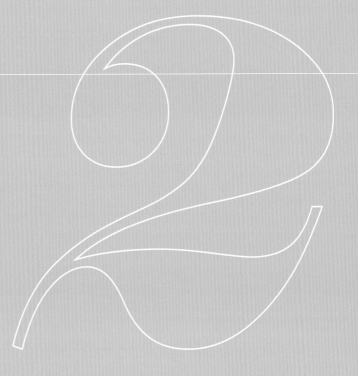

空间里到底
需要多少光

最使我不安的是建筑中的浪费现象，无论是用材还是用光。

——阿尔瓦罗·西扎

2017 年春，我带着公司的设计师去欧洲考察，照明资料即使在现在这个信息发达的时代，查找也没那么方便，每年的考察学习尤为重要。飞机落在阿姆斯特丹，从机场到达中央火车站已是晚饭时间，入住酒店后可能是时差的原因，一早四点便醒了，了解夜景的时光开始了。站在中央火车站旁的枢纽小路上，中心的夜景只有一个字 —— 暗（图 2.0.1）。这份暗是多么难得，我记得当时用这张图片发了朋友圈："一个城市，到底需要多少光？"

光的艺术，一直在发展，从最初的照亮物体，到看见被照物体后获得的心理、情绪上的满足，光的重要性得到了医学和科学的验证。黑暗艺术，则是运用黑暗来求得创造性自由和理性标准化之间的平衡。2017 年 10 月，安藤忠雄在上海明珠美术馆举办了一个名为"引领"的展览，宣传海报上，抢眼的还是那束光（图 2.0.2），展览空间中更如是。在对光的学习中，暗和亮同样重要，其中还包括影子。城市、空间，甚至舞台，从最初的暗到亮的迸发与演绎，这是一个完整的过程，融入了空间中一切被照物体的情绪，也许是建筑，是空间使用者，是演员…… 但回到最初，这是由暗开始的。

回到空间中，室内空间的照明规划，是从暗开始的。首先关闭空间内所有的灯，然后从功能需求开始，到空间内需要迸发的情绪结束，一盏一盏点亮，这就是空间照明的思想。在完成室内照明设计的案子中，跟室内设计顾问沟通很多，我们经常听到一些词：空间的感情、空间的规则、空间的呼吸……有部分期望是不能实现的，遇到这种情况，他们通常会沮丧。空间毕竟不是

08

照明法则：光的规划是从暗空间开始的，要了解哪里应该发光，更要了解哪里应该是黑暗的。

图 2.0.1　荷兰阿姆斯特丹中央火车站广场前

图 2.0.2　"引领"展览海报
（明珠美术馆安藤忠雄"引领"展）

舞台，在舞台的照明中，没有限制，我们不需要考虑光级，不需要考虑演员会不会被射向他们的光晃了眼睛，只在乎观众是不是得到了视听的享受。而在室内空间中，一切都有规则，我们模拟空间使用者的使用习惯，来解决室内设计顾问与灯光顾问间的矛盾，规划空间与光的关系。

2.1
酒店空间照明

光是生命科学中最神秘的物理现象，光赋予生命体视觉能力，同时，光是表现空间中一切实物及相互关系的基础，如一切物体的形状、大小、明暗对比等。公元12世纪酒店的雏形基本形成，演变至当今成熟的形态，它历经多个阶段，功能空间不断细分、升级，从最初的满足停留入住的需求到现在满足商务、休闲、度假等多方面的需求。

酒店根据自身功能空间的不同划分为客房区域（客房、套房）、餐饮休闲区域（中餐厅、西餐厅、全日餐厅、特色餐厅、红酒吧、雪茄吧）、商务服务区（多功能厅、会议室、商务中心、行政酒廊）、配套休闲区域（健身房、SPA、游泳池）、公共空间区（公用洗手间、电梯厅、通道）等。每个空间由于自身承载的功能不同，需要不同的光环境满足人们的心理及酒店的经营管理需求。完美的照明设计对提高酒店的档次有着巨大的作用。酒店的设计师在进行照明设计的时候，为了追求不一样的设计效果，会利用灯光的明暗变化，实现或庄严或平实或活泼的文化内涵；会利用照明技术和艺术的结合，以及光的效果，突出酒店空间的特色，良好地表现空间的设计美（图2.1.1、图2.1.2）。

大堂区

酒吧区

餐区

图 2.1.1　同一酒店的三个区域（图片来源：iGuzzini）

大堂区、酒吧区、餐区，不同的功能区域有不同的光环境需求

图 2.1.2　ZENIT HOTEL 的大堂等候区的两个区域（图片来源：iGuzzini）
同样的功能区域分为氛围不同的两种光环境，旨在满足不同客人对光环境的不同需求

10

照明法则：品牌酒店的视觉传达中照明设计是一个重要的部分。

另外，各品牌的酒店，已经形成了完整的酒店企业文化，标准不同，要求照明所呈现的效果也会大不相同。能够传达酒店品牌文化的独特照明设计，也成为酒店树立风格的首要选择，比如"W Hotel"。

目前设计师和酒店管理者面临着一个重要课题——酒店的能耗问题。随着科技的发展，低碳、节能、环保的理念被人们所重视，如何以最少的支出，实现最好的照明效果呢？照明的节能设计迎来了崭新的发展，目前在节能设计方面运用最多的就是智能照明。智能照明在节能方面的确有着巨大优势，但对酒店空间设计追求的美观和特色而言，智能照明还有很大的缺陷，由此可见，完整的照明设计对于酒店的空间设计是不可缺少的。

合理安排灯具的排列、安装，巧妙利用灯具的特点，处理好光与影的搭配，既可以实现节能的需要，又可以满足酒店空间对照明设计美观的要求。随着照明设计研究的日益深入、照明产品的更新换代，照明设计的手法也是日新月异（图2.1.3）。

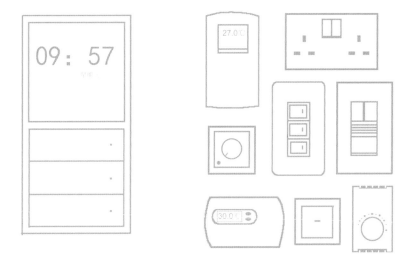

11

照明法则：照明能耗设计，是照明设计工作进行中不可缺少的一部分。

图 2.1.3　智能控制面板

智能控制面板是酒店照明控制的操作端，通过多种连接控制协议不但实现高效整合，而且可以降低能耗

总之，照明设计是酒店设计中非常关键的一部分，对于实现酒店设计的整体效果至关重要。遵循灯光产生效果的原则进行设计，并加以利用，不仅可以为酒店塑造良好的外观形象，而且可以为酒店吸引更多的消费者。目前，很多酒店在进行空间设计时，对照明的设计特别重视，尤其是星级酒店，为了提升酒店档次，更是把照明设计放在酒店空间设计的重要位置。

1. 大堂的光怎样应对白天与黑夜

2005 年，国内酒店项目大多为五星级酒店的改造项目，那个时候老牌的国际五星级酒店进入改造期，灯光在改造的列表中。大堂成为改造的重点，这部分酒店的建造时间多在 20 世纪 90 年代，大堂的建造大量地考虑自然采光，但室内的人工照明却没有做好，主要的问题显现在以下几方面：

（1）室内的照明不足，阴天的时候并不明显，但在光照充足时，客人从室外进入室内的过程中，眼睛由于正常的生理变化，感觉极度不适。

（2）重点照明的分配不合理，那个时候国内的照明还停留在均匀布置的阶段，灯具根据天花板的造型，等距地布置在天花板上，完全不考虑被照物体，造成了以下问题：

① 陈设设计师（那个时候陈设设计也是由室内设计顾问来做的）在空间精心摆放的精美陈设品，由于灯光布置的不合理，被完全淹没在空间里；

② 客人很难找到自己希望找到的功能区位；

③ 大型的装饰吊灯是大堂照明的主要来源，替代了功能照明；

④ 大堂休息区由于灯位的不合理，有部分区域正置于灯具眩光最严重的位置，客人完全没有办法停留休息（图 2.1.4、图 2.1.5）。

在进行一个酒店的照明设计前，请设计师先界定项目的类型，是传统风格的星级酒店还是现代风格酒店。随着酒店业的飞速发展，现代酒店大堂的照明设计已经不是简单地套用十年前的单一照明标准就可以完成的了。

酒店大堂是客人进入酒店的第一个空间，是酒店的名片，也是客人进入酒店的第一印象。友好且愉快的欢迎灯光，可以让客人与服务人员的沟通过程更加顺畅。大堂照明设计，首先要从弄清楚照明计划中怎样实现人和光的关系开始，光源的设计先要考虑给人提供什么样的视环境。从不同的时间段里充分考虑人的活动和需求，在提供基本的光环境之后，再进行照明的二度灯光创作。

12

照明法则：在进行一个酒店的照明设计前，请设计师先界定项目的类型，不可套用单一的设计标准。

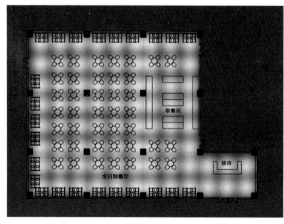

图 2.1.4　没有照明顾问介入的灯具布置

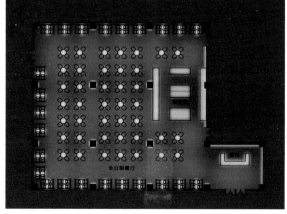

图 2.1.5　照明顾问介入的灯具布置

13

现代酒店的大堂越来越具有鲜明而独特的设计特色，这些风格迥异的设计方案已经无法用"欧式经典"或"现代简约"等传统的风格类别来区分了。照明设计人员需要根据不同的设计需求随机应变，实现或明亮、或幽暗、或清冷、或温暖、或色彩缤纷、或清澈纯净、平静无波、或光影交错的照明效果（图2.1.6～图2.1.8）。

特别提示：配合室内设计师完成设计方案是照明设计师的工作宗旨。

图2.1.6　经济型酒店大堂（图片来源：名谷设计机构）
室内空间突出主题风格，精致简约。照明设计跟随室内主题线索，陈述每一个需要表现的节点

图2.1.7　设计型酒店大堂
空间内有大量艺术陈设，照明设计多以重点照明为主，缩减功能照明区域，以表现空间艺术氛围为主

图 2.1.8 豪华型酒店大堂
低调奢华的风格较为多见。照明设计用光需要尽量节制且准确

此外，不同的照明设计使酒店品牌差异感更加明晰。传统酒店大堂高大宽阔（9 m 以上），装饰吊灯奢华大气，气氛上以舒适、平和为主，照明手法上仅使用下照光提供足够的工作面光，够用即可，而环境光则由间接光、装饰吊灯、台灯、落地灯等提供。接待台的光线也是够用即可，过于强调私密性的接待台甚至难以看清客人的面部表情。现代酒店尤其是一些设计品牌酒店已经不会出现高大宽阔的大堂了，接待台的照明需求也在改变（达到 500 ~ 800 lx），但是作为引导客人视线的背景墙面的照明依旧是重点，照明手法一般采用洗墙、背透光、重点照明等手段强化背景墙。

传统酒店的大堂吧一般会比大堂照度低一个等级，以给客人提供一个适合交谈、交流感情的区域。照明手法也以间接照明为主，桌面辅以重点照明。现代酒店的大堂吧是多功能的，客人可在这个区域会客、上网、工作甚至吃饭。这个区域的照明系统将根据不同的需求提供不同的照度等级。如图 2.1.9 中的酒店大堂，轻松、随意又不缺失功能性。

大堂里的休息等候区则是现代酒店展现特色的区域。传统酒店等候区的照明手法一般以落地灯、台灯为主，辅以重点照明。现代酒店的休息区风格各异，照明手法没有统一标准，但一定是以重点照明为主，突出各种特色装饰、奇异空间、特色家具；照度等级则从数十到数百勒克斯不等，需根据被照物体颜色、体积和功能区别对待（图 2.1.10）。

14

照明法则：酒店的照明设计在不断满足客人需求的同时，也在告别主观、框架式的设计模式，放开眼界，解放设计思想，这才是真正意义上成功的照明设计。

图 2.1.9　简约风格的大堂（图片来源：澳大利亚 HYH 酒店设计集团）

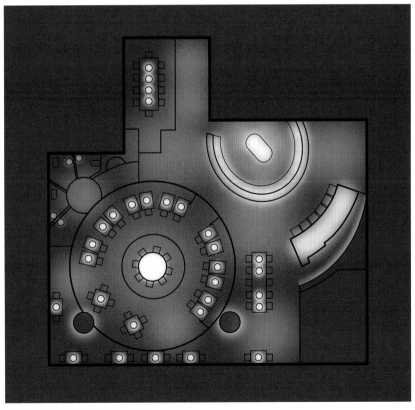

图 2.1.10　夜底图酒店大堂示意
重点照明区域与环境光之间的关系

2. 餐厅的光只能停留在桌面吗

佛罗伦萨河边的一家精品酒店，客人在白天办完入住后，通常会去参观酒店楼下的西餐厅，这间西餐厅是全白的，天地墙、桌椅、陈设……很少在日本以外的国家看到这么纯色的风格，照明手法也很传统，下照光线仅照亮桌面。晚上回到酒店，才发现西餐厅的魅力所在。灯光运用非常极致，灯具全部为 RGB 变色的，之前冷静的白色在色彩光的渲染下有了灵性。餐厅每个区域的光色缓慢且自由地切换，西餐厅坐满了客人，非常喧闹，之前没有色彩的空间满溢着色彩（图2.1.11）。

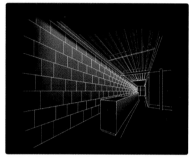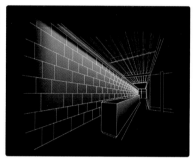

图 2.1.11　佛罗伦萨餐厅灯光变化示意
暖白色与彩色之间的缓慢变化，同陈设品一起让空间满溢着色彩

回到我们的问题，餐厅的光只能停留在桌面上吗？当然不是！传统西餐厅多数的照明手法是用窄角度的光打亮桌面，使桌面照度达到 150 ~ 200 lx，同时也使之成为整个餐厅中亮度最高的区域，远远看过去，像一个个岛屿，桌面从而变成了空间中最抢眼的部分。很多人喜欢这样的西餐厅氛围，那用什么样的产品可以达到这种效果呢？光学设计过关的厂家，通过光学手段做到窄角度出光；光学设计差的厂家，通过使用配件直接遮挡光的方法来实现窄角度出光（图2.1.12、图2.1.13）。

图 2.1.12　光学设计好的灯具产品
这种产品通过光学手段做到窄角度光，光斑均匀，光晕自然

图 2.1.13　光学设计差的灯具产品
这种产品通过使用配件物理限制伪装窄角度光，光斑不均匀，光晕生硬

源于西餐厅的做法适用于当下很多餐厅吗？其实不然。

现代酒店的餐厅会按照性质分为很多种，如中餐厅、日式餐厅、西餐厅、特色餐厅等，每种餐厅都有自己的装饰风格。我们曾经主持过一家酒店的照明设计，餐厅中有9个房间，均按照不同地域风情来区分，并伴有不同的装饰风格，其中包含中式、美式、法式、日式、韩式甚至西班牙风格。每个房间以用餐区为主，伴有面积不大的休息区域。中式房间注重细腻的光，光多半是隐藏起来的，合乎中式先抑后扬的空间情绪，从外面进入有种豁然开朗的感觉（图2.1.14）；美式房间，光用得比较直接，符合美式风格，灯具甚至是下照灯，都采用特殊定制的复古色，显示历史的厚重感（图2.1.15）；法式房间少了一些直接的功能照明，尽量用装饰灯具营造气氛；日式房间的光是隐藏起来的，大面积地应用间接照明。

图 2.1.14 中式主题包房

图 2.1.15 美式主题包房

15

照明法则：餐桌上方选择适中角度且显色指数为 90、R9 指数超过 70 的功能灯具满足用餐需求，能表现菜品的精致；装饰灯具以满足空间陈设需要为主要目的。

尽管我们在非用餐区域使用了很多营造光氛围的手段，但用餐区域餐桌上方的功能照明是不能省的。同时，这部分的产品应选择适中角度（15°～20°）的光，来应对桌面呈现用餐和非用餐两种状态。非用餐状态，桌面上一般摆放的是餐具、桌花等装饰品，餐具一般多为瓷、玻璃、金属材质等；用餐状态，餐桌上则是珍馐佳肴。适中角度的光不仅可以照亮桌面，还可以利用余散光照亮用餐人的脸部，增加面部表情的识别度，让人们在用餐时更加方便地交流。同时，我们更加强调光源的显色指数。传统卤素光源由于其发光原理使得它的显色指数接近 100，但是新型 LED 灯具占领酒店市场后，显色指数的问题往往被忽视。我们要求在酒店餐厅使用的 LED 光源必须保证显色性指数超过 90，R9 即红色指数超过 70。

光是可以叙述空间故事的，餐厅中的光通过重点照明的引入和表现，不断强化品牌的概念，强化空间的叙事感。比如我们刚完成的一个餐厅项目，它获得了 2018 年 A'DESIGN AWARD 金奖，这家餐厅经营民国菜，从选址到室内装饰风格都遵从叙述文化的主题，灯光在不经意间，让你走进餐厅、走进故事。这是灯光提供给客人的心理引入，每一位体验过的客人，都有一个自己看到的民国故事（图 2.1.16～图 2.1.20）。这个空间的用餐区域并不是只需照亮餐桌面就够了，大量的民国风格的沙发、窗帘、照片、地板、地毯、玻璃隔断都是需要照亮的，根据被照物体的不同，我们使用了 15°、25°、40° 三种不同光束角的灯具，担心过亮的灯光会破坏餐厅怀旧的氛围，采用 5 W 小功率的灯具作为主要的照明灯具。

图 2.1.16 餐厅入口的门厅区域（图片来源：名谷设计机构）
重点照明集中在陈设品处，假窗的背部也设计了灯光，模拟了内透效果

图 2.1.17 餐厅内部散座区域（一）（图片来源：名谷设计机构）
充分平衡了自然光和人工照明的关系，整个空间和谐统一

图 2.1.18 餐厅内部散座区域（二）（图片来源：名谷设计机构）
功能照明与装饰照明和谐共处

图 2.1.19 餐厅内部景观区域（图片来源：名谷设计机构）
水上灯具紧扣餐厅文化主题

图 2.1.20　餐厅包房区域（图片来源：名谷设计机构）
没有突兀的重点照明，极大满足了客人用餐的舒适需求

餐厅中的光"任性"地只出现在桌面上，真的不可行吗？

餐饮界有一段时间，出现过一种"黑暗餐厅"（图 2.1.21），从图中大家看到，这类餐厅的光确实很任性地只停留在桌面。餐厅里非常黑，除了地面上偶尔能看到"watch your step"的字样之外，酒柜的区域能看到不间断的灯带，餐桌上留一个手电筒供客人寻找洗手间。在种种尝试之后，这类餐厅很快地退出了餐饮界。但有一点值得肯定，它确实在餐厅中精简了所有的光，黑暗才是它真正的氛围。

图 2.1.21　黑暗餐厅室内区域

16

照明法则：照明设计需要充分考虑使用者的体验感，抛开使用者单纯考虑空间感受的设计是不完整的。

除了桌面，餐厅中的其他区域真的不需要光吗？当然不是。

餐厅中桌面必须作为主要任务区域来考虑，要有足够的下照光线突出桌面，创造足够吸引人的焦点。但是，这种方式不能单独使用，否则会造成用餐者面部表现失调，以及产生严重的阴影。下照光需要远离人的面部（这个受限于桌子本身的边界）且很好地被来自垂直面、天花板的反射光线所平衡（图 2.1.22）。

我们设计的一个连锁餐厅，在完成了第一个餐厅的设计之后，业主是这样评价的："我的餐饮界朋友来店里体验之后，说这个店的环境很好，光是设计过的。"光已经慢慢地从五星级酒店走进百姓日常的生活，而且越来越被重视。

（图片来源：ERCO）

图 2.1.22 光线平衡的餐厅

3. 客房中床头的阅读灯与装饰灯

"酒店设计"是一个独立的专项设计概念。在行业细分之前，酒店设计是由建筑设计师或室内设计师完成的，随着行业的细分，专业的酒店设计公司出现了。专项设计师出现后的第一件事，是"治疗"现有的酒店。

我在受邀去酒店照明设计授课的过程中，最不愿听到的问题就是"我应该距墙多远装灯"。一般情况下这个问题我不回答，因为提问题的人连自己在墙面上需要呈现什么样的灯光效果都没有概念，如果我告诉他一个通用的尺寸，他可能未来十年都不会改变这个尺寸，但未来的十年里，设计潮流、灯具产品早已更新换代。日本设计师福多佳子在她的书中写过："照明计划是没有正确答案的，灯泡或灯具也不断地日新月异。"

同样地，关于客房我听到的提问更多集中在床头灯的形式、位置，甚至是取舍，就这个问题我将详细介绍一下：客房中的床头灯到底应该采用什么形式，这是每个酒店项目协调会都会讨论的问题。就像对待是否使用灯带提供的光来勾勒天花板结构一样，大家分为两派："功能灯派"将精准控光的阅读灯安装在天花板上；"装饰灯派"将装饰灯安装在床头床架背板处，兼顾装饰与照明的作用。其实只要灯具选择适合，形式并没有那么重要。

我们看到图 2.1.23 至图 2.1.25 中的酒店，选用装饰灯具作为床头灯具，这种装饰灯的基本要求是必须保证床头阅读的功能，然后才是根据酒店的装饰风格选择风格符合的灯具。

图 2.1.23　酒店客房选用装饰灯具作为床头灯（图片来源：WAC Lighting）

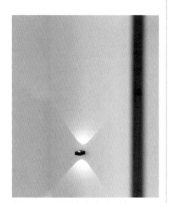

图 2.1.24 酒店客房床头灯
（图片来源：云行设计）

图 2.1.25 酒店客房选用装饰灯具作为床头灯（图片来源：澳大利亚 HYH 酒店设计集团）

　　而将安装于床头天花板的功能灯具（图 2.1.26、图 2.1.27）作为阅读灯，是出于两个原因：一是受现代设计风格的影响，设计师希望极其简化室内装饰，选择使用嵌入式的功能灯具替代装饰灯具；二是由于装饰灯具的不专业，往往不能提供完美的床头阅读光线，所以必须使用功能灯具进行补充。

图 2.1.26 杭州柏悦酒店客房，选用功能灯具提供床头阅读（一）
（图片来源：WAC Lighting）

17

照明法则：在仅靠床头灯无法满足阅读功能的时候，床头灯的选择基本以装饰效果为优先，然后通过功能灯具补充照明。

图 2.1.27　杭州柏悦酒店客房，选用功能灯具提供床头阅读（二）
（图片来源：WAC Lighting）

特别提示：专项的酒店设计团队不仅有设计师，还有酒店管理团队、财务团队、公关团队、学者和艺术家们。他们长期、深入地为酒店的发展提供专业的顾问和设计服务。

◎照明贴士　酒店的"治疗"涉及室内照明的重新规划、灯位的调整、灯具的重新选择甚至是更新换代、智能系统的选用等；被改造酒店的改动项目需要依据实际情况进行选择。

由上可见，功能灯的选择原则如下：

色温要求： 3000 K 左右，色温 3000 K 的光源所提供的照明环境，能够营造酒店客房亲切、温馨、友好的氛围。人的视觉对色彩的温度知觉与空间知觉的相关研究表明，色相偏于橙黄的色彩比同色色相偏于蓝紫色的色彩让人感觉温暖、亲切、温馨、友好。同理，客房内其他灯具选用 3500 K 以下的光源为佳；而洗手间要显得清洁和爽净，必要时可以选择 3500 K 以上高色温的光源，当然更多时候以色温一致的原则选择和客房灯具一样的色温。

照度要求： 床头功能灯一般需要达到 200 ~ 300 lx 的照度，而客房其他区域一般照明取 50 ~ 100 lx。

显色性要求： R_a（显色指数）>90。一个光源的 R_a 值越高，表明它的显色性越好。但需要指出的是，因为 R_a 取的是色样的平均值，所以虽然有的光源的显色指数高，但对某一特定颜色的显现可能会差一些。在同样的条件下，显色性好的光源相比显色性差的，可以有较低的照度。

在灯具的控制方面，现在的客人已经不再满足于固定位置的面板开关，他们需要房间更智能、操控更随意（图2.1.28）， 电子设备要能够接入无线局域网和高级酒店的标准设施，需要更直观地操作室内的智能化系统，当然也包含了普通照明系统及动态照明系统（智能照明系统）。

图2.1.28　酒店客房智能控制开关
智能开关在床头、阅读区甚至洗手间都采用同样的控制开关，保证便利性。以功能全面、易操作为主要选择方向

客户的体验感最终要体现在实际操作中。设计师如果仅限于满足自己的发散思维而不考虑实用性，就会让客户有非常糟糕的体验感。

若要让进入房间的客人有宾至如归的感觉，让他们在一个陌生的环境中轻松地找到自己的归属感，操控的便捷性就显得十分重要了。

4. 想把家设计成酒店，搬走了软装、硬装，搬不走"光"

应用实例： 约三年前，我们接手了一个把办公楼整改为酒店的项目。业主是当地一个实业集团，集团本无心投资酒店，在集团总裁去上海出差的过程中，无意中入住了上海华尔道夫酒店，异常满意，于是要在当地复制一个1:1的华尔道夫酒店，就是将自己旗下的一栋十余层的办公楼改造成酒店，这就是我们"任性"的业主。项目没有聘请专业的酒店室内设计团队，而是让业主所聘的室内工程公司（有设计资质）入住上海华尔道夫酒店一个月，他们"体验"了所有的细节，出具了图纸后就开工了。样板间装好之后，业主觉得怎么都没有当时入住华尔道夫酒店的感觉，经多方咨询，才发现问题出在灯光上，于是委托我们进行照明设计。经过改造这个酒店的入住率可以达到98%左右。

　　到底酒店中的什么东西是无法"搬走"的？答案是照明。照明在酒店设计中可以说是一种魔法。照明的魔力，让酒店无法抗拒。最早聘请照明设计的是精品酒店（Boutique Hotel），精品酒店是一个独特的酒店类型，它的设计以精美为核心，以安全为原则，以高贵为要求。其房间的标价不低于同一个城市的五星级酒店平均价格。同时，众多的原版艺术作品陈列在酒店中，它们需要照明的映衬，于是照明设计被纳入了酒店设计中，并且越发成为不可或缺的一部分（图2.1.29～图2.1.32）。

图 2.1.29　精品酒店灯光设计

图 2.1.30　灯光在天花板上光影交错（图片来源：澳大利亚 HYH 酒店设计集团）

图 2.1.31　柏林的 NHOW 酒店
酒店的主题色为玫红色，夜晚两栋建筑是由这个玫红的透光玻璃"盒子"连接的

图 2.1.32　功能照明与装饰照明和谐共处（图片来源：澳大利亚 HYH 酒店设计集团）

在酒店照明中，任何区域都需要特别注意以下三个方面：灯具的选择、灯位和控制系统的匹配。

1）灯具的选择

酒店灯具的选择有非常特殊的标准。不像办公室和商场的照明设计，灯具的发光效率完全不在酒店照明顾问的考虑范围内。酒店灯具选择的首要条件就是光的品质。

光的品质是一个笼统的概念，其中需要考量的参数非常多：

（1）考虑显色性指数是否达标。酒店灯具的显色性指数一般要求为80以上，餐厅部位的会要求90以上，特殊区域还会对某种颜色的显色指数有特殊要求。

（2）考虑配光是否精准。酒店中的被照物体非常复杂，小到一块手表，大到一整面背景墙，它们都是需要特殊照明设计的。这就要求灯具的配光非常精准，可以准确地照亮希望照亮的区域，而不是让杂乱的光线投射到不该照亮的区域。另外配光有问题的灯具一定会造成严重的眩光。

（3）考虑色温是否准确。酒店设计中使用的光的色温2700～3500 K都会出现，但有时不同厂家灯具的2700 K光会出现颜色上的差别，这就是色温不准确造成的。但是色温的偏差一般不用2700±100 K这种形式表示，而是用色容差值（SDCM）这个参数来界定色温的偏差值，一般SDCM小于3是可以接受的，有些特殊区域如特色餐厅、艺术陈设品销售区等的SDCM值会要求小于2。

（4）考虑灯具的光通量是否合适。达不到设计要求的光通量意味着被照物体不够亮，超过了设计要求的光通量意味着原设计的空间亮度比失衡。

除去光的品质，外形是否符合要求也是非常重要的，这里的要求不仅是照明顾问对灯具外观的要求，也是室内设计师对灯具尺寸、颜色、材质的要求，同样也是安装单位对灯具安装方式、空间尺寸、供电方式的要求。

应用实例：我们在一个酒店大堂中设计一款柜内灯，照明顾问可能会考虑灯具是否可以在竖直向下方向0～35°的范围内调节照射角度；光束角是否可以在30°～60°范围内调整。而室内设计师则需要考虑灯具的尺寸是否可以嵌入柜板安装；如果要明装，灯具的尺寸是否会被柜内的挡板所遮挡；灯具的外形是否美观；灯具的外壳材料是否和展柜板材契合，会不会影响展柜的整体外观。而展柜的结构工程师则会考虑灯具的供电如何实现，如果供电是220 V如何保证安全；如果是低压供电，电源的放置位置如何解决，是一盏灯用一个电源还是数盏灯共用一个电源；如何做到每盏灯单独调节亮度。这些问题大多是和照明顾问以及灯具厂家一起解决的。

2）灯位

灯位是整个设计中沟通次数最多、室内设计顾问和照明顾问两不相让的争论焦点。待这两方顾问协调一致之后，施工单位有时还会不严格执行施工方案，最终不得不因为如安装高度、风管位置等不适合的因素而现场调整。灯位的设置需要考虑多方面的影响：

（1）现场的整体照度需求；

（2）重点照明和基础照明的比例；

（3）被照物的位置，被照物是否有被调整和移动的可能；

（4）环境中人的动线，接近被照物时人的位置和视线的方向；

（5）希望人停留的区域以及希望引导人离开的方向。

3）控制系统的匹配

酒店的照明控制系统一般会整合进酒店整体的智能控制系统中。照明系统的重点是客房和宴会商务会议区两部分。

客房部分的系统以方便客人使用和日常维护为主。高级酒店中当客人在前台办理入住时就会开启客房空调以及调用灯光欢迎模式。客人进入房间后最重要的就是灯光控制界面方便操作。客人对客房照明抱怨最多的就是不知道如何开关灯具（开关太多了），场景式按键面板部分解决了这个问题，但是带来了新的问题——客人不知道如何开关特定的灯。这个问题随着客人对酒店要求的提高而日渐明显。这个问题在很多酒店管理公司内部是用简化场景模式的设定、红外感应控制、空气感应控制等手段来应对的。五年前比较稳定的控制系统还是集中在 DALI、DMX512 等系统中，如今我们可以通过 Wi-Fi 和蓝牙等控制系统实现更灵活、简易的智能控制。但是一个既能调用场景，又可以独立控制每一盏灯具的控制系统才符合未来的发展趋势。

> **应用实例：**很多客人在体验了酒店中的智能控制后，希望可以引入到自己的日常生活中来，随着灯光智能系统的日渐成熟，大的地产公司已经成功地将智能系统引入了住宅中，成为精装商品房的一部分。

商务会议区的照明控制系统可能会调用预设的照明场景。会议进行时，高亮度的照明有利于集中参会人员的注意力；同时，垂直面照明的加入，有助于增进人员之间的交流。幻灯片演示时，减少直射光，只照亮必要的出入口及操作台。共同工作时，高照度和柔和向上的光使天花板变得明亮，人们更容易进入工作状态。

宴会厅一般都设有小的舞台区域，其照明系统往往会整合舞台照明系统，由酒店的影音顾问负责，照明顾问与影音顾问的配合又是一个更高层次的话题。但是这里的照明控制系统必须和舞台照明系统使用同一个控制协议是必然的。

5. 游泳池的魔力之光

2013 年去柏林，入住了柏林的华尔道夫酒店，在用早餐时同行的朋友夸赞了酒店的游泳池，我问他游泳池的灯光如何，他努力地想了想说："很暗。"这又回到了我们一直谈论的黑暗艺术（图 2.1.33）。

图 2.1.33　游泳池灯光设计（图片来源：澳大利亚 HYH 酒店设计集团）

游泳池的照明最难处理，平静的水面犹如一面镜子，光在镜子面前只会"逃走"，却又"无处可逃"。同时，水面造成的二次反射会直接进入人眼，产生极大的安全隐患。游泳池照明分水下和水上两部分。

水下部分一般会采用嵌入池壁的水下灯具照亮水体，位置一般为游泳方向的两侧。但多数设计师只是在图纸上简单地等间距地放置几个灯具，对于灯具的色温、功率、数量和光束角度的选择基本不做考虑，而这些数值恰恰是至关重要的。

色温：一般游泳池都会采用蓝色池底，因为蓝色池底会增加水体的清澈感，灯光则不必也采用光色接近蓝白的高色温灯具，选择使用 2500 ~ 3000 K 的低色温灯具反而会突出水体的蓝色。具体色温须和池底照度等级相适应，照度等级越高则色温越高。当然，如果室内设计师对水池照明效果有特殊的想法，则不必拘泥于这个准则。

功率：首先，我们需要的是一个被均匀照亮的池底。那些光影斑驳的景观水体不在我们讨论的范围内。其次，由于照明技术的革新，水下灯具基本都采用 LED 光源了，我们也将讨论范围界定于 LED 水下灯。确定灯具的功率首先要确定水底的照度等级，一般为 30 ~ 50 lx，然后就需要通过照度计算软件进行计算。

19

照明法则：照明方式应避免水面造成的二次反射，结合水下照明和间接照明。

当然也会有一些经验法则，一个品质合格的 10 W 水下灯具，基本可以覆盖 5 m 宽的水域，也就是说如果在游泳路线两侧各放置 10 W 的 LED 灯具，可以保证 10 m 宽的泳池底部明亮。

数量与光束角度： 这两个问题是相互关联的，灯具光束角度大则灯具的间距可以较大，灯具数量可以减少，但池底照度会下降；灯具光束角度小则灯具的间距会较小，灯具数量就会增加，但池底照度会较高。因此灯具的选择会直接影响图纸上的灯位。反过来说图纸上的灯位确定了，就要保证采购的灯具的光束角度与设计方案一致，否则游泳池的照明效果就是场灾难。

在现代酒店的设计方案中游泳池也被赋予了观赏功能，有些方案中游泳池靠近休息区或餐厅，无人游泳时会开启第二模式，将游泳池顺着人的视线方向照射成一个由亮到暗渐变的水体。也有些游泳池会做一些镜面水池，倒映酒店的夜景，形成漂亮的景观，这就要求水下照明系统复杂多变且控制方便（图2.1.34、图2.1.35）。

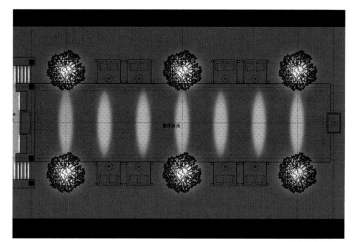

图 2.1.34　水下照明系统的游泳模式
水池长边两侧安装的水下灯

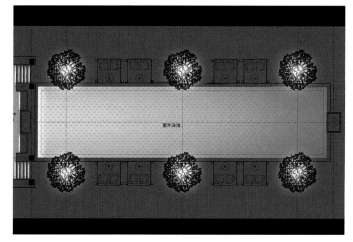

图 2.1.35　水下照明系统的无人模式
水池短边一侧安装的水下灯

水上部分，包括水池上方照明，以及水池两侧通道、休息区的照明（图2.1.36）。

图 2.1.36　游泳池休息区灯光设计（图片来源：iGuzzini）
躺椅背后地面的灯光使人更加放松

一般这些区域会采用下照灯方式进行照明，色温在 2700~3000 K 的暖色温范围内，照度为 100 lx 左右。但是如果忽略水面的反射特性，按照一般室内空间进行处理，则水面的倒影会完全破坏纯净水体的感觉，严重的会产生大量的二次眩光伤害。因此采用下照灯方式必须选用对眩光伤害控制非常严格的产品。如果有条件可以采用上出光的壁灯或投光灯将天花板均匀照亮，以保证水中天花板的倒影均匀、明亮（图 2.1.37、图 2.1.38）。

图 2.1.37　游泳池灯光设计效果
模拟星空的水下灯具

图 2.1.38　游泳池灯光设计
长边安装水下灯具的距离要求

对于不会游泳的客人，在紧张的工作之后，去SPA（图2.1.39）放松一下身心，变得越来越重要。非常规的房间照明，传达了一种奢华、独特的感觉。配合缓慢的动态照明序列可达到深度的放松。以大自然为模型的动态光，模拟着光在一天中的变化，对生物节律有着积极的影响，从而帮助身体以自然的方式再生。

图 2.1.39　SPA 灯光氛围

2.2
办公空间照明

办公空间是否需要设计照明，我们来看以下的案例：

> **应用实例：** 美国一间家具工厂，不但将工厂的工作环境设计为加州海滩氛围而且配合着光环境变化，员工可以穿着沙滩裤、T恤上班，享受100%的新鲜空气和"自然光"。据美国《商业周刊》报道，这家工厂的生产率因此提高了15%。

如果你觉得这并不完全是光环境改变的功劳，那我们继续往下看。

大多数的办公楼室内照明，是由整齐排列在天花板上的格栅灯来实现的，且办公室多使用冷色系（色温大于6500 K），让工作人员看起来像"每天只睡了1小时"。早在1970年美国康乃尔大学针对产业界所做的研究就发现，适当的照明可以提高生产力和工作安全性。美国《商业周刊》也报道了一家地方邮局利用简单的自然光线，配合室内人工照明的改善，将邮局的生产力提高了16%。

英国剑桥大学的相关研究发现，光闪动率过高（超过160 Hz），会对眼睛造成伤害。当年，欧洲大量使用日光灯在办公室照明设备上，许多员工抱怨出现眼睛不适和疲劳症状，后来转换为稳定性高、不易闪烁的新灯具之后，员工的抱怨就减少许多。同样地，室内空间亮度的不合理分配，容易造成视网膜的疲惫。像作业背景灯光太强、电脑屏幕反光刺眼，以及各种照明灯光设计不良的情况，都会造成眼睛不适，从而增加作业时间。

总之，办公空间是现代上班族的第二个家，大量的工作需要在这里完成。创造一个舒适的办公环境，已经被越来越多的企业所重视。据有效数据显示，舒适的办公环境可以将团队的工作效率提升15%，其中照明在员工的健康、效率、自豪感和同事间的沟通方面都发挥了积极的作用。高品质的照明光环境，不仅可以在客户和员工面前彰显公司形象，还能对员工的身心健康起到积极作用并提升工作效率。

通常情况下，工作时间大都集中在9：00—18：00之间，期间自然光对办公室照明来说弥足珍贵，现代建筑已经不似从前用简单的小窗来引入自然光，大面积的玻璃幕墙建筑成为城市办公楼的主流。大量的自然光进入室内，但分配不均。以开放办公区为例，座位靠近窗户与靠近过道区的自然光分配相差较多。实验证明，比起人工光，自然光更能激发员工的工作活力，赢得一份好心情（图2.2.1）。

20

照明法则： 优质的办公照明需要空间、人、自然光之间的互动。如果建筑和室内是第一轮和第二轮空间规划，那么灯光就是第三轮空间规划。

图 2.2.1　办公室照明（图片来源：iGuzzini）

1. 智能控光走进了我的办公室

基于以上内容，办公室的智能照明已悄然来到我们身边，运用人工光模仿自然光，补充办公室光环境，更好地处理光与人的关系，确保人们的生物节律在办公室内保持稳定与平衡，能够激发工作热情、提升工作效率、降低出错率。

传统的办公室照明色温一般以 4000 K 为主，这个标准的来源是在平均照度为 500 ~ 1000 lx 的办公室，用 4000 K 的光是最舒适的，它的理论基础是"色温与照度视觉舒适性关系"（图 2.2.2）。这个标准已经在照明设计领域运用了几十年。

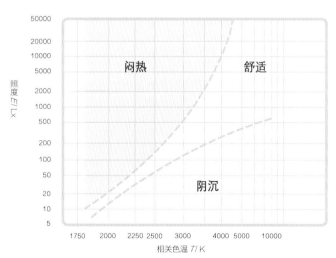

图 2.2.2　色温与照度视觉舒适性关系

但是近十几年的研究发现，办公空间中的自然光对于人们的视觉及心理感受具有重要的影响，适宜的自然光能够提高使用者的满意度、愉悦感和积极性，以及视觉舒适度、视觉功效，进而提高工作效率。尤其是最近针对人眼视网膜上第三类感光细胞——神经节细胞（ipRGCs）所进行的光的非视觉效应研究，进一步揭示出光照通过对神经节细胞的影响能够直接控制人体的生物节律。这种生物节律控制着警戒、睡眠、激素产生、体温和器官功能等。哺乳动物的激素变化和自主神经控制都遵循生物节律，与日出日落同步（图 2.2.3）。这种先天的节律可以保证我们的健康。

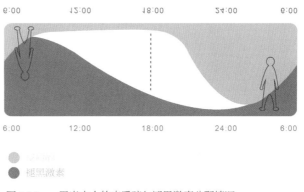

图 2.2.3　一天当中人的皮质醇与褪黑激素分配情况

如图 2.2.3 所示，人体正常的皮质醇代谢遵循一个周期为 24 小时的循环。一般皮质醇水平最高在早晨（约 6：00—8：00），最低点在凌晨（约 0：00—2：00）。通常在上午 8：00—12：00 之间皮质醇水平会骤然下跌，之后全天都保持一个缓慢的下降趋势。从凌晨 2 点左右皮质醇水平开始由最低点再次回升，让我们清醒并准备好面对新的一天。打破规律则会使皮质醇水平在本该下降的时候升高。皮质醇和褪黑激素的紊乱会导致神经紊乱，还可引发慢性疲劳、睡眠障碍和抑郁，甚至癌症。

恢复办公室中的"自然光照"，是现代办公室智能照明最重要的目标之一。但是一般办公室的光环境，需要人工光的补充来调节，我们需要在满足工作面照度、保证人眼舒适性的同时，顾及光环境不破坏身体的自然节律。在保证高效工作的同时，保证人体自身调节系统正常工作，快速地从高强度工作后的疲劳状态中恢复过来。这里就需要多种形式的光相互配合。直接光提供工作面照明，保证工作环境的舒适与高效；而漫反射光提供环境照明，保护人体的自然节律。新型直接、间接组合灯具可以完美地解决这个问题。

1）早晨

早晨，从看到第一道光开始，人体内的皮质醇开始分泌，同时抑制着褪黑激素的产生。进入工作时间后我们需要高色温和高照度光照环境（图2.2.4、图2.2.5）。

早晨办公室内间接照明：色温6500 K，高照度，自动感应室内照度，智能调节。

早晨办公室内直接照明：色温4000 K，自动感应室内照度，智能调节。

图2.2.4 早晨办公室的光

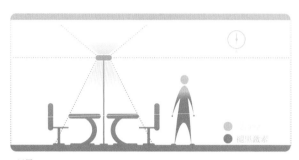

图2.2.5 早晨办公室的照明

2）中午

中午，人体内的皮质醇分泌开始下降，但在中午前后仍能保持一个良好的水平。这个时候我们仍需要高色温和高照度的照明环境（图2.2.6、图2.2.7）。

中午办公室内间接照明：光谱中降低蓝色光份额。持续提供高的照度，色温6500 K，自动感应室内照度，智能调节。

中午办公室内直接照明：色温4000 K，自动感应室内照度，智能调节。

图2.2.6 中午办公室的光

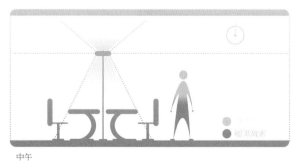

图2.2.7 中午办公室的照明

3）下午

下午，人体内皮质醇的分泌已经大大减缓了，褪黑色还没有在这个时段产生，工作已经接近尾声，这个时候我们需要降低色温和照度（图2.2.8、图2.2.9）。

下午办公室内间接照明：色温降低，照度降低，自动感应室内照度，智能调节。

下午办公室内直接照明：色温4000 K，自动感应室内照度，智能调节。

图 2.2.8　下午办公室的光

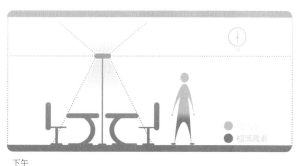

图 2.2.9　下午办公室的照明

4）傍晚

褪黑激素会让人疲惫，减缓身体机能并且降低人体频繁活动的意识。如果人体每天都接收到生物动力学的光，夜间褪黑的水平也会很高。睡眠质量好，第二天就很活跃，工作很有效率（图2.2.10、图2.2.11）。

傍晚办公室内间接照明：光变为暖色调，色温高达2700 K，并不断降低照度，自动感应室内照度，智能调节。

傍晚办公室内直接照明：色温4000 K，自动感应室内照度，智能调节。

图 2.2.10　傍晚办公室的光

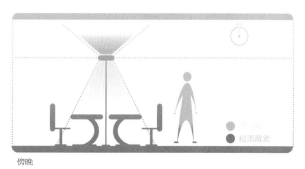

图 2.2.11　傍晚办公室的照明

智能光管理系统，在办公室的表现不止于此，更加智能的系统可以根据空间中人员的动态调整灯光。隐藏在办公灯具中的感应器可以捕捉人的行动，并且灯具之间可以相互交换数据，互相合作调整光的输出，创造出一个令人愉快的照明场景和良好的工作氛围，提高员工的工作效率（图 2.2.12、图 2.2.13）。

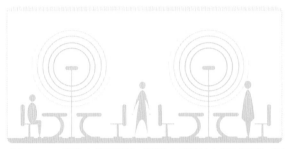

图 2.2.12　智能光管理系统对附近空间的状态进行识别，判断是处于有人工作的状态还是无人的状态

图 2.2.13　智能光管理系统自动综合人员工作状态、空间射入的自然光的情况、一天的人体节律，控制室内灯光随之变化（图片来源：反几建筑）

2. 更多的窗等于更好的照明吗

基于生活常识，一个房间中光照不足，往往是房间的窗不够大、不够多。反之一个窗多、窗大的房间光照一定是充足的。

这个经验如果只是用于民宅，我们认为它有一定的道理。但是在办公领域，建造足够的窗户就可以解决光的问题吗？答案是否定的。

我们来看看窗户到底引入了多少自然光？图 2.2.14 中的日光系数也就是采光系数，基本可以理解为室内照度和室外照度的比值。可以看到窗户附近的日光系数通常会达到 10% 的高值；在离窗户 2 m 的地方，就会降到 2% ~ 3%；在

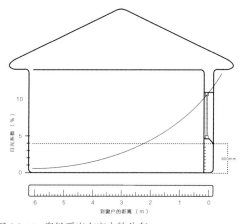

图 2.2.14 自然采光在室内的分布

进深达到 6 m 的时候，就会接近于零。也就是说，除了窗户的因素以外，影响房间自然光照的是房间的深度。

现阶段有很多全玻璃幕墙建筑，在感官上似乎引入了大面积的自然光，其实这种位于高密度城市环境中的办公类建筑，受基地条件、容积率、结构要求、规划政策以及造价等因素的制约，多采用紧凑式建筑布局，导致大量的办公空间朝向不佳，进深一般会达到十几米，且天花板高度也只有 3 m 左右，所以很难获得充足的自然光照。高度在 80 cm 以下的窗户对房间内的采光起不到任何作用，还增加了建筑的空调负担。

因此，越是高档的办公室越是挑剔地选择照明顾问，因为照明顾问才是真正将"光"引入室内的人（图 2.2.15）。

图 2.2.15 将"光"引入室内的照明（图片来源：反几建筑）

3. 办公空间的"见光不见灯"

我们将办公空间细分为三大类：开敞办公区域、独立办公区域和会议办公区域。

开敞办公区域，这样的布局在现阶段的办公环境中相对常见，每个工位相对独立，为保证整体办公环境的一致性，很少在桌面上增加独立的台灯等设备。这个区域应当尽量达到均匀的光照度，桌面的照度值应接近 750 lx，这个数值经实验测定最有利于员工顺利展开视觉作业且能保证其高效作业。关于通常电脑屏幕和顶面形成一定程度的眩光干扰的问题，现在的显示屏制造商已经帮我们解决了——显示器现在可以微调角度，个人可根据自身条件及舒适度自行调整。对于一些硬装设计不可避免的均匀照度不够理想或者处于极端位置（如挡板下的阴影部分）的问题，应该考虑增加辅助照明，比如利用台灯增加一些间接照明。

独立式办公室更多考虑私密性，故与开敞办公区交流是否方便就不那么重要了。这个空间的照明不仅要考虑工作照明，还需要顾及会客时间的照明，一般工作面照明推荐采用 300 ~ 500 lx 的照度，局部要增加间接照明方式，如独立台灯或落地灯；色温宜控制在 2700 ~ 4000 K，照明方式以直接照明结合间接照明为宜。

会议办公区域，顾名思义为会议而设，一般情况下分为内部会议与外部会议两种。由于现有的通信手段发达，会议模式可以有很多种，如音频会议、视频会议和面对面的会议等。投影为会议中最大的介质，甚至会有多窗口的会议模式，此时对照明的要求是"配合"。可能大家会认为"配合"这个词不够准确，但照明在其中的位置确实如此。现阶段会议室照明模式的设定根据使用情况的不同越来越复杂，也越来越要求智能化，当与会者提出一个会议模式的时候，照明系统需要立刻做出反应，甚至当会议模式在会议中进行转换的时候，照明系统需要自动识别、自动切换。这种智能办公的模式，非常能彰显公司的实力、品位和对细节的追求（图 2.2.16）。

图 2.2.16　会议室灯光分布

但是照明设计师在设计上述三种空间时，会不可避免地听到室内设计师讲一个概念"见光不见灯"。"见光不见灯" 最初由某进口灯具厂家提出，一度成为室内设计师在照明方面苦苦寻寻而又始终达不到的目标。表面上理解"见光不见灯"是指室内空间中，看不到灯具本身，但是需要光的位置又有足够的光线。但"见光不见灯"是一个延续了近 20 年的"误解"。

真正的"见光不见灯"是让人忽视空间中的灯具，而不是真的看不到灯。就像 F22 隐形飞机并不是真的肉眼看不见，而只是在雷达屏幕上"隐形"而已。但是如何让人忽视空间中的灯具呢？答案就是让灯具成为空间中最不亮的那个物体。灯具发出的光可以照亮空间中所有的其他物体，但就是不能照亮它自己，让灯具隐藏在明亮的背景中，这样灯具自然而然地就被忽视了。要做到这一点就要避免灯具发出的光直接照射人的眼睛。这听起来简单，但是做到很不容易。人在空间中是移动的，设计师必须判断人可能到达的位置、人的视线方向以及人眼观察物品的规律。在保证功能照明的同时将灯具或隐藏或遮挡，灯具的倒影和反射光也是需要遮挡的。当然灯具本身的品质也非常关键，错误的光学设计常常会将预料之外的光线刺入人眼。

灯具的发展可以笼统划分为两个时期，这个定义并不被专业的光源研究者认可，但照明设计师的设计手法确实大受影响，即 LED 不可取代功能照明的时期和 LED 可以取代功能照明的时期，前一个时期为 2005 年之前，后一个时期为 2010 年之后。

2005 年，LED 光源尚不可取代功能照明的时候，功能照明的主力还是荧光灯、卤素灯等，由于光源体积无法减小，灯具体积都很大，"见光不见灯"便成为照明设计师每天都在跟其他专业设计公司讨论的重点，需要各种预留、各种配合。至 2010 年，短短五年的时间，光源技术飞速发展，LED 芯片技术越来越精进。在 2018 年的法兰克福照明展上，可以无限接近日光光谱的芯片问世了（图 2.2.17、图 2.2.18）。由于 LED 光源体积非常小，很多灯具的体积由此可以大大缩小，"见光不见灯"虽然仍是设计中需要考虑的因素之一，但很多情况下，这根本不成问题。

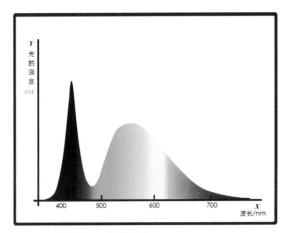

图 2.2.17　普通 LED 芯片光谱

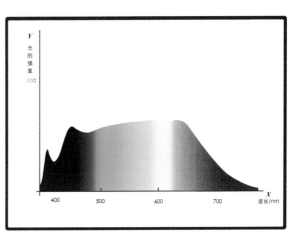

图 2.2.18　仿日光 LED 芯片光谱

要在办公空间中做到"见光不见灯"有几个有利条件。

首先，办公区域的桌面照度与环境照度要求比一般空间高，这样可以使灯具更容易隐藏在高亮度的背景中。

其次，办公空间人的活动多为使用电脑或书面作业，人的视线方向与照明灯具的照射方向没有冲突，对灯具限制较少。另外，办公空间的天花板高度较高，为了实现照度均匀，灯具的位置会更加自由，这样人眼直接看到灯具的位置将会降低。

最后，高品质的灯具本身就是"见光不见灯"的保障条件之一，所以办公空间需要购买更高品质的灯具。

4. 办公空间是不是只能用灯盘

"灯盘"这个词在 20 世纪 90 年代各种高档写字楼进入中国后才被大家所使用。当时高端写字楼大都采用这种新型的模数化天花板（图 2.2.19），且从最初的 600 mm×600 mm 模块发展到后来的 300 mm×1200 mm 模块。灯具厂家也为了配合这种天花板研发出了模数化的平板灯具（图 2.2.20）。因为形状扁平像盘子，所以被称为"灯盘"。最初的灯盘采用的是节能高效的荧光灯，现在都被更节能的 LED 灯取代了。

图 2.2.19　模数化天花板（图片来源：iGuzzini）

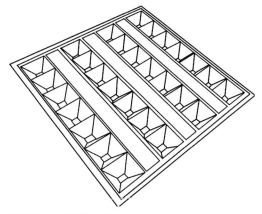

图 2.2.20　传统的"灯盘"

◎照明贴士　面对办公空间照明的多样性，灯盘时代已经悄然而逝。根据最终客户的需求，定制灯光是当今重要的灯光解决方式。

但是近十年来，办公室室内装饰风格已经发生了极大的变化，越来越多的公司抛弃了那种千篇一律的模块化吊顶。即使是租用的办公室，公司也会要求个性化的装修风格，照明手法也随之越来越多样化了（图 2.2.21）。

图 2.2.21　办公室照明案例（一）（图片来源：iGuzzini）
选用下照灯提供室内空间照明

　　表面安装的灯具首先被大家接受，灯具凸出于天花板表面，可以提供更多的间接照明，灯具本身也有装饰功能（图 2.2.22、图 2.2.23）。

图 2.2.22　办公室照明案例（二）
使用轨道射灯及异形灯具提供照明

图 2.2.23　异型装饰灯具提供等候区域的照明氛围（图片来源：iGuzzini）

吊装的灯具也很常见，由于吊装灯具可以方便地向下或向上投射光线，所以可以非常容易地将直接照明和间接照明融合在一款灯具上，可以提供良好的照明效果（图2.2.24）。

图2.2.24　天花板反射的光线非常柔和，非常适合办公场所（图片来源：iGuzzini）

壁灯也是一些办公区域非常好的照明手段，但是办公室中人与壁灯的距离会非常近，建议采用上投光的壁灯，将天花板照亮后，利用天花板的反射光（间接光）照亮工作面也是非常舒适的（图2.2.25）。

图2.2.25　壁灯（图片来源：反几建筑）

2.3
展示空间照明

展示空间可粗略地分为博物馆、艺术馆（包括美术馆和现代艺术馆）以及高科技展览馆。通常了解一个城市、一个国家，就是以它们为起点（图2.3.1、图2.3.2）。

图 2.3.1　博物馆中，光线集中照射在文物上（图片来源：ERCO）

图 2.3.2　艺术馆中，光线集中照射在艺术品上

　　高科技展览馆是一个近十几年兴起的展示空间类型，它的展示方式是多变的，拥有声、光、影视、互动机械、多媒体互动、人工智能等手段，展示内容也多为科学技术、未来城市发展、科幻世界、童话故事等。展示效果震撼动人，能给参观者留下深刻印象。这类的展览馆包括：迪士尼乐园（室内部分）、世博会各展馆、上海科技馆、杜莎夫人蜡像馆、各类高科技城市展览馆等（图2.3.3、图2.3.4）。

图 2.3.3　高科技展览馆的代表
位于德国斯图加特的保时捷展览馆，LED 屏隐藏在墙面和地面装饰板中，屏幕未开启时的效果

图 2.3.4　保时捷展览馆内，LED 屏隐藏在墙面和地面装饰板中，当屏幕开启时，灯光系统自动调暗

　　艺术展示空间中的展品由于展示空间功能、展示主题、展品材质的不同，要求的照明系统也不同，灯具的位置及数量等都会随时根据展示需要做出新的调整。根据项目的经验，现阶段展示空间照明系统，不仅需要专业的照明产品来达到专业的展示效果，更需要后期专业的维护。

　　除博物馆外，艺术空间的灯具多不被重视，而且基于成本的控制，专业的照明产品被削减；相比于国内，国外很多地区的照明设计意识会优于我们。例如，我曾去过新西兰北岛小镇哈密尔顿，居民非常少，城中有一个记录毛利人生活的艺术空间，不但没有缺失空间设计（含照明设计），馆内还采用了德国进口的专业博物馆灯具，光对展品的表现非常细腻；展览的形式多样，配合一些动态的投影技术及同参观者互动的光影装置，不仅有安静的空间展示形式，也能营造出身临其境的感受（图2.3.5～图2.3.7）。

图2.3.5　哈密尔顿博物馆对大型展品的灯光表现

图 2.3.6 哈密尔顿博物馆灯具采用了德国进口的专业博物馆灯具

图 2.3.7 哈密尔顿博物馆配有动态的投影技术及同参观者互动的光影装置

1. 博物馆为什么那么"黑"

我们在谈"黑"之前先谈一下"亮"。自然光，是天然的优质光源，不仅高效而且给人带来的视觉感受最为舒适。建筑设计师们一直在建筑中做着光影的游戏，尽量最大限度地引入自然光，让自然光与影在空间呈现最自然的形态，并成为空间中的造景。但对于展示空间来说，自然光有着它的不稳定性，在晴天太阳直射下室内照度可以达到数十万勒克斯，而阴雨天房间的角落只有十几勒克斯。这么大的照度落差对于博物馆这种展示珍贵文物的空间是不能接受的（图2.3.8、图2.3.9）。而在非展示空间的自然光引入，例如大厅区域、休息区域、文化品售卖区域则是建筑空间的亮点。

◎照明贴士 设计黑黑的博物馆并不是因为博物馆长喜欢黑暗的环境，而是受限于文物的年曝光量标准不得不采取的保护措施

博物馆的"黑"环境，是前几年博物馆照明设计的一个误区，认为高对比度的光环境，才是博物馆该有的光环境。一束窄光束直接照射到被照物体上，从而突显展示物。殊不知这种"黑"的由来，是源于博物馆展示文物的光敏感特性的限制。最著名的故事应该就是秦始皇兵马俑了，兵马俑在出土那一瞬间身上精美的彩绘震撼了考古人员，这可是两千多年前的色彩啊。但是在兵马俑离开了它们原始的保存环境后，湿度、温度、氧气还有光照（包括红外线、紫外线）条件都不一样了，兵马俑上的彩绘层开始飞快地脱落、褪色，造成了考古史上的巨大

图 2.3.8　高对比度灯光效果的"黑"美术馆（图片来源：WAC Lighting）

图 2.3.9　突出墙面的作品，不强调高对比度效果的美术馆（图片来源：ERCO）

遗憾。之后停止对地下文物的发掘也是基于这个原因。千年前的物品保留到现在已经非常脆弱了，在保存时必须保持恒定的温度、湿度以及光照度。当光线（可见光）照射在文物表面，就已经开始对文物产生微弱而持续的影响了，过量的光照就会对文物产生破坏性的影响，如果是红外线或紫外线则破坏性更加巨大。因此无法自由控制的自然光在早期博物馆中自然是不会出现的。

但是现代博物馆由于技术手段的提升已经可以非常完美地控制自然光线了，包括电控遮阳帘、通电玻璃，以及可控制反射率以及过滤红外线、紫外线的玻璃幕墙等。在现代欧美各发达国家的博物馆已经不再是完全的"黑"环境了，而是非常人性化的、明暗过渡自然的空间了。我们在后面会详细展开这部分内容。

那么博物馆的光需要控制到什么程度呢？

一般博物馆的照明分为重点照明和基础照明两部分，重点照明是负责照亮展品的，基础照明则负责照亮环境和通道。

我们先说如何控制重点照明，先提出一个概念：年曝光量。它是指珍贵文物在一年中照射到光线的量。比如文物表面照度为 100 lx，一年中展览的时间为 365 天，每天 8 小时。那就是 365 乘以 8 再乘以 100，结果是 292 000 lx·h/a。这个量决定着文物的展览时间以及表面照度水平。不同材质的文物可以承受的年曝光量是不一样的，具体如表 2.3.1 所示。

表 2.3.1　文物的展览时间以及表面照度水平

类别	参考平面及其高度	年曝光量（lx·h/a）
对光特别敏感的展品：织绣品、绘画、纸质物品、彩绘套（石）器、染色皮革、动物标本等	展平面	50 000
对光敏感的展品：油画、蛋清画、不染色皮革、银制品、牙骨角器、象牙制品、宝玉石器、竹木制品和漆器等	展平面	360 000
对光不敏感的展品：其他金属制品、石制器物、陶瓷器、岩矿标本、玻璃制品、搪瓷制品、珐琅器等	展平面	不限制

可以想象，如果一个展示中国古画的展厅，按照一般博物馆展厅每天开放 8 小时、每周闭馆一天计算，古画表面的照度值应该只有 20 lx 左右。如果古画表面照度达到了 50 lx，每天展出 8 小时，那么这幅画每年只能展出 21 周（125 天），其他时间必须放在库房中。

但是按照计算公式，如果有一张古画每年只展示 10 小时，那是不是表面照度可以达到 5000 lx 呢？答案是否定的。因为文物的年曝光量不能超过表 2.3.1 数值的同时，还需要符合表 2.3.2 对照度值的限制要求。

表 2.3.2 陈列室展品照度标准值

类别	参考平面及其高度	照度标准值（lx）
对光特别敏感的展品：织绣品、绘画、纸质物品、彩绘套（石）器、染色皮革、动物标本等	展平面	≤ 50
对光敏感的展品：油画、蛋清画、不染色皮革、银制品、牙骨角器、象牙制品、宝玉石器、竹木制品和漆器等	展平面	≤ 150
对光不敏感的展品：其他金属制品、石制器物、陶瓷器、岩矿标本、玻璃制品、搪瓷制品、珐琅器等	展平面	≤ 300

注：① 陈列室一般照明按照展品照度值的 20% ~ 30% 选取；② 复合材料制品按照对光敏感等级高的材料选择照度。

以上内容只是最基本的照度要求，博物馆照明还有很多细节限制，例如光线中的红外线和紫外线必须过滤后才能照射到文物表面（图 2.3.10）。

光线中的紫外线以及更高能量的硬紫外线会透过文物表面破坏内部结构，国际上通常要求紫外线辐射量小于 75 μ W/lm。而红外线会加热文物，破坏文物的温度控制。这么严格的要求只是为了让这些千年前的物品可以更长久地保存下去，让更多的人了解古人的生活。

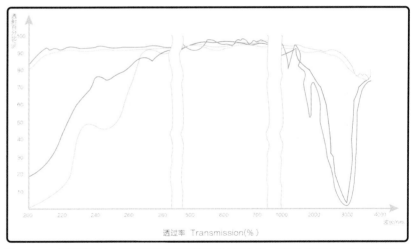

透过率 Transmission(%)

图 2.3.10　几种博物馆专用灯具使用的滤镜的透光率曲线，用于过滤光线中的红外线和紫外线

讲完了重点照明的控制，接下来我们来分析基础照明的控制。

表 2.3.2 中 的注释① "陈列室一般照明按照展品照度值的 20% ~ 30% 选取"，这是博物馆基础照明的设计原则。也就是陈列室的环境照度和展品照度的

比值为 1 ：4 ~ 1 ：3，这个比例是近百年来博物馆陈列工作者根据经验总结出的黄金比例，这个照度比例既能突出展品又能让参观者保持放松。这个比例不仅适用于博物馆，一般的展示空间也可以使用。

照明手法上，博物馆重点照明一般使用轨道射灯，只有轨道射灯才能根据博物馆的需要灵活调整灯位、替换灯具以及调整灯具的投射方向。

一般灯具的位置如图 2.3.11 所示，照射方向与立面成 30°角。

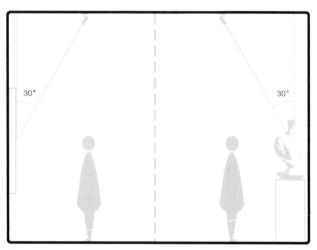

图 2.3.11　照射方向与立面成 30°角

根据展品的形态不同，照明设计有不同的要求。比如下面的一组图片演示，同一个展品，在不同方向灯光的照射下呈现出完全不一样的效果。

图 2.3.12 为右后上方一盏窄角度射灯照射展品的效果。

图 2.3.13 为正上方一盏宽角度射灯照射展品的效果。

图 2.3.14 为右后上方一盏窄角度射灯、左后上方一盏宽角度射灯、左前上方一盏宽角度射灯共同照射展品的效果。

图 2.3.15 为展品上方有面发光光源的照明效果。

图 2.3.16 为展品后方有线形洗墙灯的照明效果。

图 2.3.12 窄角度射灯照射

图 2.3.13 宽角度射灯照射

图 2.3.14 射灯组照射

图 2.3.15 展品上方有面发光光源照射

图 2.3.16 展品后方墙面被线形洗墙灯照亮

再比如陶瓷展品，因为保护的需要，很多情况下这种展品都会被放在展柜里展示，那么灯具的安装就会十分受限。在展柜外我们常用轨道射灯来解决，但在柜内，就需要定制特殊的柜内照明系统（图2.3.17、图2.3.18）。

图2.3.17 柜内照明系统线图

图2.3.18 柜内照明系统

博物馆照明还有一些问题，是需要我们设计人员和管理人员重视的。由于博物馆对展品保护尤为重视，所采购的灯具产品多为专业的进口展览用灯具。此类博物馆每年会推出几场大型的主题展（临时展览，持续时间3～6个月不等），这种主题展会的展品多数通过与其他同等级的国家博物馆交流而来，展品布置方案也是临时调整的，这自然涉及馆内灯具的重新布置与调整。根据我们实际遇到的项目情况，这部分临时展览的照明布置工作是由馆内电气施工人员完成的，他们不了解灯具产品，不了解展品细节信息，需要在短时间内完成灯具安装及布置，最终实现的效果只能是差强人意。大型博物馆管理人员已经注意到这方面的问题，并且聘请了长期的灯光顾问来指导临时展览的布置工作。

最后我们看一下以下两张调整前与调整后的图片（图2.3.19、图2.3.20）。

24

照明法则：现代博物馆照明，针对不同形式的展品，必须采用不同的照明于法。

图 2.3.19 南京博物院法老王展调整前　　　　　　图 2.3.20 南京博物院法老王展调整后
完全没有自然光的环境中，灯光相互干扰，无法满足展示要求　重新调整空间中亮度比，规划展区亮度之后，可满足展示要求

2. 美术馆的光都是低调的

在我学习照明设计的过程中，我的老师经常用一种特殊的方法来训练我对光的认识，对于初入行业的设计师也许是个不错的方法。每当我跟他共同进入一个空间，也许是机场，也许是商场，3 分钟之后他一定会让我闭起眼睛，向他描述我看到了空间中哪里有光，分别是由什么产品提供的。这种实践的方法，在学习的某一个阶段，确实让我对空间光的类型以及灯具的类型有了一个迅速的了解。

但是在最初的阶段，我做这个练习时遇到的第一个障碍就是美术馆，我第一次在美术馆闭上眼睛时只有一个柔和明亮的空间的印象，而对于采用什么灯具进行照明以及灯具安装在哪里我完全没有印象。大家可以试着闭上眼睛想一下，在参观美术馆后大都会对精美的书画艺术品印象深刻，但是美术馆的光是怎么样的，应该都没有什么印象。这恰恰就是照明设计师在美术馆设计中应该达到的效果，因为，立足于参观者的角度，让人没有印象的光就是成功的美术馆照明（图 2.3.21、图 2.3.22）。

25

照明法则：可以说降低美术馆灯光的存在感只是第一步，让人感觉不到光才是最高境界。

◎**照明贴士**　对灯光的了解，一样需要细微的观察和大量的训练，训练自己对光的辨别能力。

图 2.3.21　美术馆墙上的壁画（图片来源：ERCO）
亮度均匀，参观者没有人会意识到这幅画被超过 6 只灯照射着

图 2.3.22　灯光照亮的画作（图片来源：ERCO）
参观者没有人会注意到光来自哪里

美术馆的光是为了展示书画作品，"画"即以线条、色彩描绘出来的形象，而光和影子也可以形成线条和色彩。如图 2.3.23，在展会上的光装置，利用光和影也能作画。

但是这种现象在美术馆中则应尽量避免，美术馆中的灯光不仅要考虑展品的呈现效果，还必须顾及灯光是否会对观众造成干扰，比如灯光刺眼、画框投影过厚，出现重影、变形、斑驳等影响参观者对画作的欣赏。

图 2.3.23　光装置
光影互动的效果，增加了展示区的戏剧感

具体如何进行美术馆的照明设计呢?

根据《建筑照明设计标准》（GB 50034—2013），美术馆绘画展厅地面照度标准为 100 lx，雕塑展厅地面照度标准为 150 lx（表 2.3.3）。

表 2.3.3 美术馆建筑照明标准

房间或场所	参考平面及其高度	照度标准值（lx）	UGR	U_o	R_a
会议报告厅	0.75 m 水平面	300	22	0.6	80
休息厅	0.75 m 水平面	150	22	0.4	80
美术品售卖区	0.75 m 水平面	300	19	0.6	80
公共大厅	地面	200	22	0.4	80
绘画展厅	地面	100	19	0.6	80
雕塑展厅	地面	150	19	0.6	80
藏画库	地面	150	22	0.6	80
藏画修缮区	0.75 m 水平面	500	19	0.7	90

注：UGR：统一眩光值；U_o：总均匀度；R_a：一般显色指数。

但是如果仅仅按照这个标准进行设计，我们往往得到图 2.3.24 这样的结果。

图 2.3.24 按照美术馆建筑照明标准实现的美术馆照明（图片来源：iGuzzini）

而我们的目标是图 2.3.25 这样的。

图 2.3.25　美术馆照明设计期望目标（一）（图片来源：iGuzzini）

或者是图 2.3.26 这样的。

图 2.3.26　美术馆照明设计期望目标（二）（图片来源：iGuzzini）

为什么差这么多？因为美术馆的展画或雕塑展品更为关注的指标为墙面和雕塑展位的垂直面照度。一般设计中墙面和展位的垂直照度为水平照度的 3 倍左右，也就是 300 ~ 500 lx。

这里需要注意：第一，由于美术馆中一般展出现代艺术品，展品不需要特殊保护，所以不需要按照博物馆照明标准进行设计；第二，一幅画和一个雕塑对光的需求是不一样的，所以美术馆的灯具设计也要和博物馆的一样可以控制每一个灯具的光输出。

同一个被照物（可能是静物、人脸、雕塑等），光的角度不同，亮度不同，会产生不同的照明效果（图 2.3.27）。

图 2.3.27　在光不同角度的照射下被照物体的不同表现

但是以上种种要求在参观者参观过程中是感觉不到的，因为所有的精心设计都是为展品服务的，目的就是让参观者观看展品的时候察觉不到光的存在。

3. 现代博物馆（美术馆）中的自然光怎样规划

上文讲到黑暗的博物馆环境是受限于文物的光敏感特性要求。由于现代技术基本可以做到控制自然光了，所以现代博物馆和美术馆也越来越多地引入自然光，毕竟"明亮"的参观环境更舒适，更能吸引参观者。例如上海龙的美术馆与传统博物馆相比，在保护文物的同时引入自然光，让博物馆更加明亮、舒适，参观者之间的互动也更加方便（图 2.3.28、图 2.3.29）。

图 2.3.28　传统博物馆（图片来源：WAC Lighting）

图 2.3.29　上海龙的美术馆（图片来源：iGuzzini）

这种引入自然光的方式在欧美各博物馆已经非常普遍了。楼体内部和外部成体系的感应装置将大楼的光照数据传输给中央控制器，控制器控制各个采光窗外的遮光装置，将直射入室内的太阳光直接挡在室外（欧美采用外遮阳装置，一方面是为了阻挡自然光，另一方面是为了降低室内温度。而国内出于成本考虑一般采用内遮阳装置，内遮阳装置虽然也能阻挡阳光直射，但是光线已经进入室内，室内温度还是会升高，图 2.3.30），所以要控制进入室内的自然天光，保证各展厅的基本照度不超过基本照明标准。

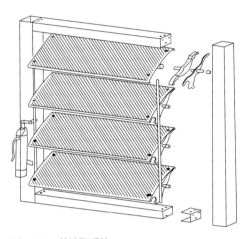

图 2.3.30 外遮阳系统

美国亚特兰大海伊艺术博物馆的天然光展厅是一个自然光控制得非常好的案例。图 2.3.31 中白色的像一道道波带的独特建筑形式其实是设计师精心设计的照明体系的一部分。

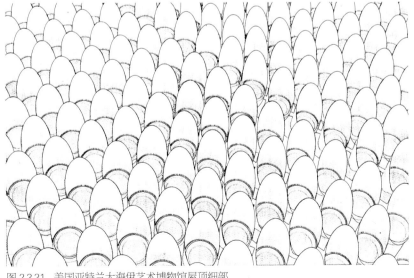

图 2.3.31 美国亚特兰大海伊艺术博物馆屋顶细部

博物馆屋顶上这种奇特迷人的风景恐怕只能从空中或附近的高楼屋顶上才能欣赏到。这些白色的装置名叫"velas"，中文叫"帆"。屋顶上总共有1000个这样的装置，它们一个个整齐地排列在 1.2 m x1.2 m 的方格子里（图2.3.32）。

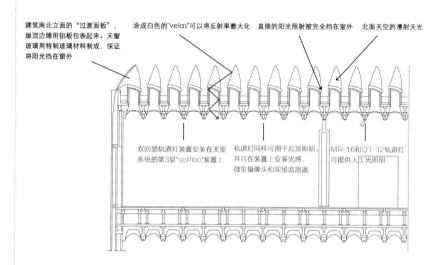

建筑南北立面的"过渡面板"，屋顶边缘用铝板包表起来。天窗玻璃用特制玻璃材料制成，保证将阳光挡在窗外

涂成白色的"velas"可以将反射率最大化

直接的阳光照射被完全挡在室外

北面天空的漫射天光

双回路轨道灯装置安装在天窗系统的第3层"soffitio"装置上

轨道灯同样可用于应急照明，并可在装置上安装光感、微型摄像头和现场监测器

MR-16和QT-12轨道灯可提供人工光照明

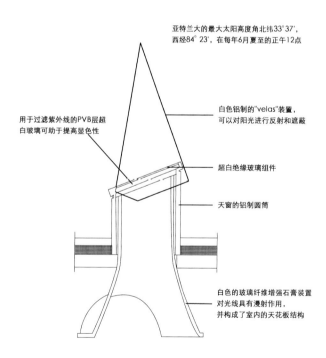

亚特兰大的最大太阳高度角北纬33°37'，西经84°23'，在每年6月夏至的正午12点

用于过滤紫外线的PVB层超白玻璃可有助于提高显色性

白色铝制的"velas"装置，可以对阳光进行反射和遮蔽

超白绝缘玻璃组件

天窗的铝制圆筒

白色的玻璃纤维增强石膏装置对光线具有漫射作用，并构成了室内的天花板结构

图 2.3.32 美国亚特兰大海伊艺术博物馆展厅空间照明方案剖面

这个博物馆的设计方案从开始就确定了主要光源为天然光，设计师们必须在严格遵守博物馆照明设计相关规定的前提下，找到控制天然光的解决方案。由于天然光并不是一直稳定在同一个照度水平上，随着季节、气候甚至一天中时间的变化，光照也在时刻变化着，因此这套照明解决方案是非常复杂的。最初设计师也曾考虑电动天窗的方案，但最后他们更倾向于不依赖任何动态装置的被动式解决方案。原因有两个：后期维护和可变性。被动系统省去了那些电动装置，维护更轻松简便，而且人们在室内也可以感受到室外天气的变化，这就是设计师希望达到的目的（图 2.3.33）。

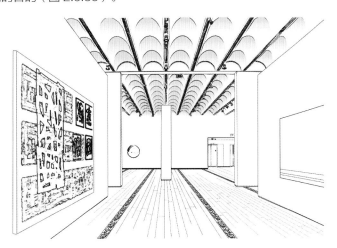

图 2.3.33 美国亚特兰大海伊艺术博物馆展厅空间照明

当然，这种自然光照明系统也不是万能的，在阴雨天、雪天、日落的时段都会出现展示光线不足的情况。因此自然光照明系统内暗藏了一套人工光照明系统，方便在自然光不足的情况下不着痕迹地补充照度（图 2.3.34）。引入自然光的天窗上，仍需要在光照不理想的天气下对室内空间进行人工光的补充。

图 2.3.34 自然光的天窗上有人工照明补光（图片来源：iGuzzini）

巴黎橘园美术馆的改建尤其是室内的布置和设计完全是围绕着《睡莲》这幅莫奈的传世巨作进行的。

莫奈在完成画作之前，便早已规划好它的展陈设计，分别为两个椭圆形房间加上一个小前厅，每个椭圆厅的环形墙面上布置作品，自然光从上方打下来，呈现一种最为自然的状态（图2.3.35）。他希望能够创造出一种无限的意境和自然的光感及宁静的氛围。在1927年初次开放后的几十年内参观者们有幸能在天然光的照明下欣赏这幅珍品最原始的美。但是20世纪60年代博物馆初次改建后莫奈的巨作就一直沉睡在地下一层的展室中。21世纪的现代化改建又让它重新回到自然光的怀抱之中。

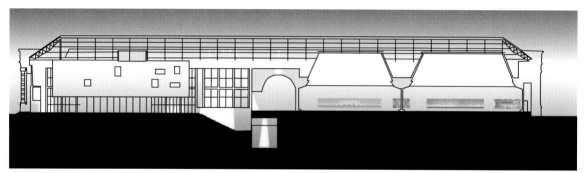

图2.3.35　巴黎橘园美术馆室内照明系统

右侧两个空间就是专为莫奈《睡莲》打造的展厅，在两个展厅距离地面5m高的位置分别构造了两个锥形空间，锥形空间上表面安装玻璃罩，下表面则以半透明的纤维织物封闭（图2.3.36、图2.3.37）。经过复杂的计算确定了玻璃和纤维织物的面积大小和透光率。目的是保证文物表面拥有最理想的天然光照射范围，又不会破坏文物。

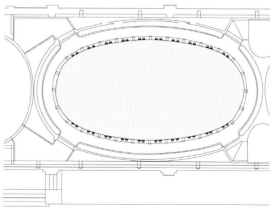

图2.3.36　巴黎橘园美术馆莫奈展厅之一的平面图

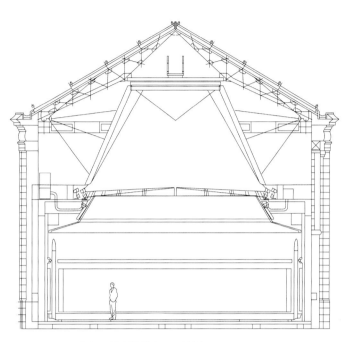

图 2.3.37　巴黎橘园美术馆莫奈展厅的剖面图

　　当然，设计师在锥形空间中也安装了人工照明装置，以保证展品在夜间也拥有充分的照明，所有的照明装置都安装在空间的底部区域（图 2.3.38）。

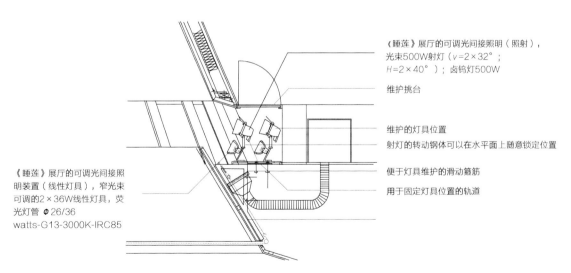

《睡莲》展厅的可调光间接照明（照射），光束500W射灯（$v = 2 \times 32°$；$H = 2 \times 40°$）；卤钨灯500W

维护挑台

维护的灯具位置
射灯的转动钢体可以在水平面上随意锁定位置

便于灯具维护的滑动箍筋

用于固定灯具位置的轨道

《睡莲》展厅的可调光间接照明装置（线性灯具），窄光束可调的2×36W线性灯具，荧光灯管 ϕ 26/36 watts-G13-3000K-IRC85

图 2.3.38　巴黎橘园美术馆莫奈《睡莲》展厅的照明装置

锥形空间的内部，参观者只能看到空间下方由织物构成的光源屋顶。美术馆未营业的时候可以将百叶窗关合起来，避免展品接触过多有害的光线。人工照明装置安装在环绕锥形空间边缘的凹槽中，光线可以通过遮光板反射到织物上，再由织物照射进展厅内。灯具通过后方一个可开启的盖板进行维护。

整个照明体系必须保证莫奈的作品拥有充足、优质的自然光照明，光线过于充足时电动百叶窗会部分关闭。设计师对此精心测试，发现最低照度不能低于150 lx。为了严格保证这一标准水平，在每个展厅内靠近展品的位置都安装了一个照明传感器，一旦展厅内的照度降到了 150 lx 以下，控制系统将自动启动人工照明系统。反之当展品照度为 300 lx 时人工照明系统将会关闭。为了避免照明系统的变化过于突然和生硬给参观者带来不适的感觉，整个开启或关闭的过程将经历 2 分钟的调整时间（图 2.3.39）。

图 2.3.39　巴黎橘园美术馆莫奈展厅的照明（图片来源：网络图片）

有些博物馆空间由于自身建筑的特殊性，建筑结构本身也需要自然光进行照明，尤其是由一些文艺复兴时期的建筑改造的博物馆和美术馆，这些历史建筑本身就是精美的艺术品和文物，照明系统在照亮馆藏文物艺术品的同时也需要将建筑本身照亮，尤其是穹顶、立柱头部等位置。这些位于高处的精美建筑构件和壁画、较低位置的雕塑、展柜还有墙上挂着的绘画艺术品构成了一个立体的、层次丰富的展示空间。这种空间只用人工照明是非常单调和死板的，只有人工光配合自然光才能充分展现这种展示空间的美感（图 2.3.40）。

图 2.3.40 大量的人工光配合自然光所形成的展示空间效果（图片来源：iGuzzini）

　　另一类展示空间，展品本身就是暴露于户外的文物，如露天的雕塑或者某些古建筑。这些展厅就更需要给展品模拟一个自然户外的光照效果，让参观者能直观地感受这些文物的原貌。这方面的代表有美国纽约大都会艺术博物馆（图2.3.41）。

图 2.3.41 大都会艺术博物馆半室外文物

续图 2.3.41 大都会艺术博物馆半室外文物

4. 展示空间适合使用什么灯具作为重点照明

展示空间的基础照明一般由间接照明、漫反射光或者引入自然光等手段实现，本小节将讨论展示空间的重点照明如何实现（图 2.3.42、图 2.3.43）。

图 2.3.42 重点照明案例：意大利贝加莫的教堂顶部

图 2.3.43 重点照明案例：故宫慈宁宫（图片来源：WAC Lighting）

展示空间重点照明的基本要求：

（1）照度。参照上文中的具体内容，依据不同的展示类型选择不同的照度值（第079页表2.3.2）。

（2）色温。展示空间使用什么色温的灯具，一直没有什么争议。从色温－照度舒适度曲线可以看出，只有色温与照度值的对应连接点在中间空白区域时，这个空间的感觉才是最舒服的（图2.3.44、图2.3.45）。

图2.3.44 给人闷热的感觉

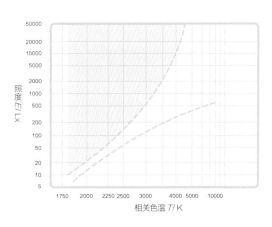

图2.3.45 色温－照度舒适度曲线区间（一）

如果空间照度值较高而色温偏低，也就是在图2.3.45中左上方黄色区域，比如1000 lx的照度而光线的色温为2000 K，则会给人闷热、不适的感觉。

如果空间照度值较低而色温偏高，也就是在图2.3.46右下方黄色区域，比如20 lx的照度而光线的色温为5000 K，则会给人阴暗、寒冷的感觉（图2.3.47）。这也和人类的进化有着必然的联系。

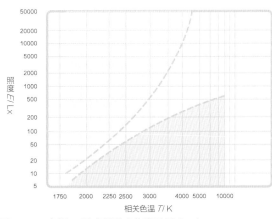

图2.3.46 色温－照度舒适度曲线区间（二）

图2.3.47 给人寒冷的感觉

根据色温 - 照度舒适度曲线可知,博物馆适宜使用 2500 ～ 3000 K 色温的光线,现代美术馆适用 3000 ～ 4000 K 色温的光线;而需要配合自然光进行照明的空间,适合使用 5000 ～ 6500 K 这种与太阳光色温接近的色温。

(3)显色指数。博物馆使用的灯具的显色指数以 100 为最佳,至少也要达到 90,其中 R9 指数必须大于 80,所有用于展示空间的灯具首先必须满足以上要求,在此基础上才能讨论,什么灯具适合用于展示空间重点照明。

(4)灵活布局。展示空间的展陈布局根据展示的主题和展品的变化而变化,变化频率多为 3 ～ 6 个月,每次都完全不同。

我们用图片来示意:三个月前某美术馆展示画作的陈设与照明系统布局如图 2.3.48、图 2.3.49 所示:

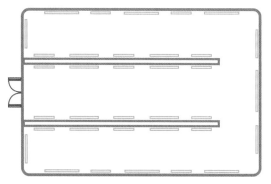

图 2.3.48 美术馆展示画作的陈设布局
展馆在横向上被分隔为三个区域

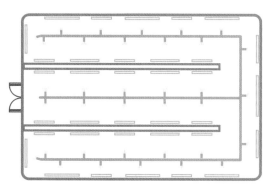

图 2.3.49 根据这种展示方式而调整的照明系统布局
灯具布置于横向的三条轨道上

三个月后此美术馆展示画作的陈设布局如图 2.3.50、图 2.3.51 所示:

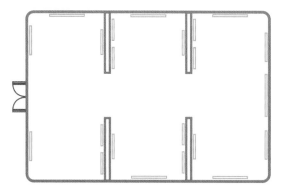

图 2.3.50 美术馆展示画作的陈设布局
展馆在纵向上被分隔为六个区域

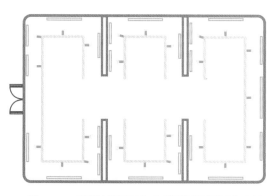

图 2.3.51 根据这种展示方式而调整的照明系统布局
灯具布置于三条方形的轨道上

26

照明法则：展示空间照亮展品的重点照明使用的灯具首选是轨道射灯，因为轨道射灯的优点正是展示空间所需要的。

在不破坏天花板的情况下能够迅速调整照明灯具的位置应对这种变化，非轨道射灯莫属（图 2.3.52）。因为轨道射灯只需要拨动 1～2 个开关就可以让轨道和灯具分离，甚至不需要利用工具，安装灯具也同样方便。图 2.3.53 为上海清算所内部展厅，空间中采用轨道系统，轨道射灯可以安装在任意位置来应对不同的展出方式，可以根据展品位置的调整，找到适合的位置放置灯具。

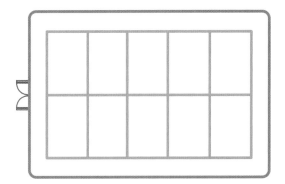

图 2.3.52　展厅实际的轨道系统布置

图 2.3.53　上海清算所轨道系统布置（图片来源：阖合设计）

◎照明贴士

在使用轨道系统来解决空间照明的过程中，需要注意以下几个问题：

（1）确认选用轨道的种类：三线轨道、四线轨道、磁吸轨道还是柔性轨道。

（2）空间需要怎样的光环境：明亮均匀的光环境还是明暗对比强烈的光环境。

（3）空间是否需要调光系统：0～10 V 调光系统、DALI 调光系统还是 DMX512 调光系统。

（4）灯具安装在不同角度时，轨道灯具距离墙的距离不同。

（5）预估灯具的数量避免造成电流的过载。

下面讲一下轨道射灯的优点及定制：

（1）方向调节性能最强。一般嵌入式灯具如果要调节照射角度，由于灯具结构的限制，最多能达到垂直35°调节范围，水平角度350°（图2.3.54）。如果是轨道射灯那么垂直调节角度最少也可以达到90°，水平角度360°（图2.3.55），完全可以做到下半球面无死角。在展示空间中轨道射灯这种强大的灵活性是非常重要的。

图 2.3.54　嵌入式可调角灯具

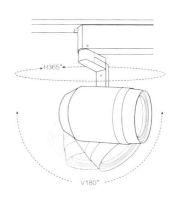

图 2.3.55　轨道系统射灯

（2）光束角改变灵活。由于结构限制小、灯具光束角丰富，更换配件即可改变光束角，且可以增加很多光学配件。

图 2.3.56 中由左至右依次为超窄角度、窄角度、中角度轨道射灯的墙面光斑的效果。

图 2.3.57 中由左至右依次为宽角度、超宽角度、椭圆角度轨道射灯的墙面光斑的效果。

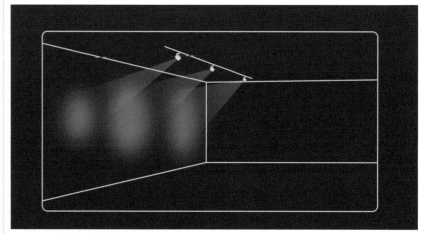

图 2.3.56　轨道系统射灯角度由左至右依次为超窄角度、窄角度、中角度的墙面光斑效果

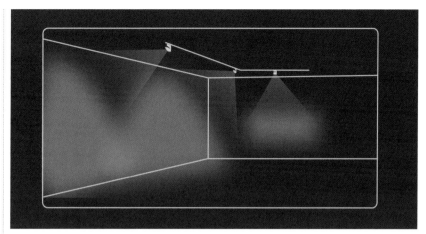

图 2.3.57 轨道系统射灯角度由左至右依次为宽角度、超宽角度、椭圆角度的墙面光斑效果

不同配光的灯具都是针对不同尺寸的展品研发的，灯具的配光选择越多，在项目中用光就会越准确，展示效果也越好。

应用实例：在荷兰国家博物馆里，可以看到各种尺寸的雕塑、油画、介绍文字，都是由不同配光的轨道射灯照亮的（图 2.3.58）。

图 2.3.58 荷兰国家博物馆

这里要特殊说明一下的，是椭圆配光的轨道射灯的效果。它一般用于尺寸较小、排列紧密的展画，这样可以减少灯具使用的数量（图 2.3.59）。

图 2.3.59　椭圆配光的轨道射灯的效果（图片来源：ERCO）

切光片常用于对画作的表现，它的作用是直接挡住部分的光线，一片切光片可以在圆形（或椭圆形）的光斑中切出一条直线边界，就像一块圆形蛋糕在边缘被切了一刀，形成了一个直边，四片切光片配合可以切成一个方形的光斑。当方形光斑的尺寸调整为和画面尺寸一样时（图 2.3.60、图 2.3.61），这样的画面效果就会让人感觉这幅画是自发光的，从而使人印象深刻。如果所展示画作的幅面过大，还可以用多个方形光斑来拼接，形成一个大型的方形光斑表现画面（图 2.3.62）。

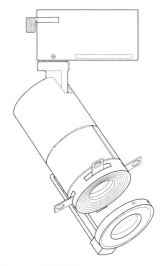

图 2.3.60　切光灯

图 2.3.61 切光灯的方形光斑只照亮画，仿佛画作自己在发光（图片来源：ERCO）

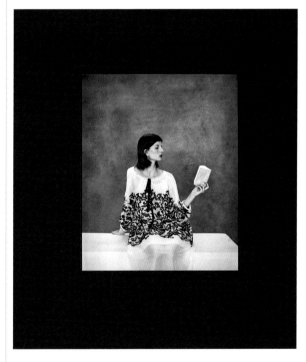

图 2.3.62 切光灯的表现效果，墙面没有任何多余的光斑

　　同样，由于轨道射灯结构的优势，它可以增加非常多的配件用于增强光的特殊效果，比如博物馆专用的一些过滤红外线和紫外线的配件。图 2.3.63 为一款用于博物馆的轨道射灯所能增加的配件，其中有些是防止眩光伤害的，有些是让光斑更加柔和均匀的，还有一些是控制和改变光束角度的，这些配件让轨道射灯的光变得更能适合展品。优质的轨道射灯甚至可以同时安装三个配件，使得灯光效果更加多变。

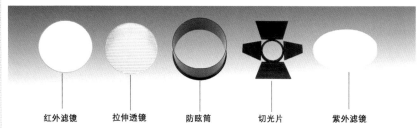

红外滤镜　　拉伸透镜　　防眩筒　　切光片　　紫外滤镜

图 2.3.63　轨道射灯所能增加的配件

（3）轨道射灯调光控制手段多变，可独立控制单个灯具。当博物馆灯具安装完毕以及展品都安放到位后，还有一件重要的事，就是灯光调试。在调试中照明设计师需要配合展陈设计师将每一个展品按照艺术家对这个展品的原始创意进行照明。每个展品对光的要求都是不同的，有些需要明亮一些，有些需要幽暗一些；有些需要来自正面的光，有些需要来自侧面的光，有些需要来自不同方向的光。每一束光的亮度都需要独立调节，每一盏灯都需要照明设计师精心调整角度与亮度，甚至同一幅画照亮不同的位置，也会有不同的效果。下面为维也纳艺术史博物馆 14 号展厅的一幅油画，在不同的灯光下呈现出不一样的效果（图 2.3.64 ~图 2.3.68）。

图 2.3.64　基础照明下的画作

图 2.3.65　一束光束角为 34°、色温为 3000 K 的光照在画作左下区域

图 2.3.66　一束光束角为 20°、色温为 4000 K 的光照在画作右上区域

图 2.3.67　34° 角和 20° 角两束光同时照亮画作的效果

图 2.3.68　在 34° 角和 20° 角两束光的基础上，在照亮上方天空区域的灯上增加一块蓝色滤光片

图 2.3.69 为最终展示效果。最终的试验结果表明，参观者由于惊讶于画作的展示效果而大大延长了在展画前的停留时间。从技术的角度，我们可以说可调色温和亮度的轨道射灯是达到这种照明效果的有效工具。通过向画作的特定部位提供定量的光线，我们可以精细地点亮画作中的每一个元素。

图 2.3.69　最终展示效果

（4）轨道射灯系统的定制。故宫博物院慈宁宫项目，定制了特殊的隐光轨道灯具，就是根据展品的特殊要求而定制轨道射灯的一个成功案例。

灯具安装在灯架内，通过管状灯架悬吊在建筑空间，组成了一个完整的照明系统。外形简洁，整个空间的灯具整齐划一，保持了故宫应有的稳重感与历史感。通过轨道式安装与DALI（Digital Addressable Lighting Interface 数字寻址照明接口）控制，可以方便地根据展陈的布置与展品的特点进行光影表现。将隐光科技运用在博物馆展示照明，可以完美地避免眩光（图2.3.70～图2.3.72）。

图 2.3.70 定制轨道灯具外壳
（图片来源：WAC Lighting）

图 2.3.71 定制轨道灯具
（图片来源：WAC Lighting）

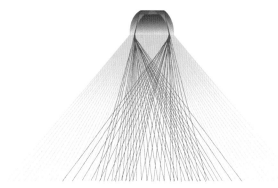

图 2.3.72 反射器的光路控制图

通过反射器的光路控制图，可以看到光线被牢牢地锁定在防眩角之内，这样可以有效地控制参观区的眩光（图2.3.73）。

因此，能够对每一个展示灯具进行精细调节是博物馆照明对灯具的特殊要求。而现有的轨道射灯的调光手段多样，可以采用DMX512、DALI、0～10 V等各种模式。就算由于线路铺设的问题没有办法使用拥有上述控制协议的灯具，专业的博物馆轨道射灯还会有手动调节旋钮。图2.3.74 中那个隐藏在灯体背后的中间有一字缝的圆形旋钮就是调光旋钮。

图 2.3.73　故宫博物院慈宁宫（图片来源：WAC Lighting）

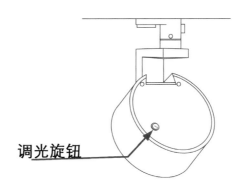

图 2.3.74　轨道灯具上的调光旋钮

　　在设计一个艺术馆或者类似的展示空间时，如果客户因为预算而只打算使用常规灯具时，需要考虑上面提到的几个因素。在权衡利弊并向客户充分说明常规灯具的限制之后，再做决定。

2.4
商业空间照明

　　2010年12月，韩华集团委托UN studio在韩国天安市设计一个"定制"项目，这个项目基于"动态流量"的概念，从建筑到室内、从建筑灯光到室内灯光完全实现了"连续的流动"状态（图2.4.1、图2.4.2）。外立面照明由22 000颗可由DMX控制的LED灯具分布于12 600 m² 的立面上，将立面围合成夜晚的幕墙，建筑完成后成为地标建筑，在天安大街上行走的游客，在夜晚看到它时，都会走进去一探究竟。可能读者会觉得一个简单的媒体立面项目不会比当今某些广场壮观，它们的区别在于这个立面项目更加克制——一种用光的克制。

图2.4.1　韩国天安百货公司外立面夜景照明效果绿色光时段

图2.4.2　韩国天安百货公司外立面夜景照明效果黄色光时段

这个建筑利用日光与点光源全面实现建筑立面室内外的整体形式设计。室内的光由曲线、螺旋形组成了一个看似复杂的空间，但也正是这些曲线的灯光合理划分了整个空间的秩序，光的引导性暗藏其中。从中央挑空区向顶部看去，一个横截面简单而平直，另一个横截面则参差倾斜，有些如同空间中的瀑布，有些又如同溪流，贴合了最初的流动理念（图2.4.3、图2.4.4）。

图 2.4.3　从中庭向上看，能看见发光的曲线和螺旋线组成的室内天花板
（图片来源：Kim Yong-kwan,
Christian Richters）

图 2.4.4　各楼层参差的休闲空间，如同叠水平台一般
（图片来源：Kim Yong-kwan,Christian Richters）

27
照明法则：现代商业对照明的要求已经不仅是靠亮度吸引人流了，利用高品质的照明引导消费、优化购物体验以至于树立品牌形象才是更高层次的要求。

近年来，随着我国经济的日益增长和文化的日益繁荣，大型商业综合体建筑已成为都市建设的重要元素，其业态涵盖大型综合超市、专卖店、饮食店、健身房等。事实上，随着商业空间的不断发展，其空间的功用已不仅是商品营销，而更多是社会活动、精神交流和休闲观光了。

在设计建筑照明及景观照明中，灯光师应该模拟消费者的心理，从动线到停留点都要考虑到，从而实现消费者的引入。如何在室内商业空间中合理设置照明的布局，规划品牌入驻商场后的照明秩序，利用照明设计表现出产品的特征，体现出品牌的气质和个性，为商业展示空间营造特殊的情绪和氛围；如何提升商店整体形象以及美化空间环境，提高购物者对商品的关注、兴趣、了解和信服度，增加产品的吸引力与感染力；如何刺激消费者的购买欲，起到引导消费的作用；如何让购物的过程成为对消费者心情和情绪有所打动的一种文化体验，进而优化购物体验并提升文化品位……以上这些都是当今商业空间照明项目依次要解决的问题。

1. 一看到橱窗就心动，进入店铺觉得哪里都美，这是为什么呢

橱窗为什么那么美？因为它需要吸引顾客消费。橱窗是商业空间中必不可少的部分，精美的橱窗要尽可能地传达品牌的概念、加强消费者对品牌的印象、展现商品的品质。照明在橱窗中扮演着重要的角色，我们来举个实例，商业综合体中常出现的一个大家都很熟悉的品牌 ZARA，ZARA 的商品并不贵，但是 ZARA 橱窗中的灯具选用的是德国进口品。我们跟进了 ZARA 店铺维护部门，据他们透露，ZARA 为保持优质的整体光环境，如果灯具有损耗，不会单独换掉损耗的灯具，而是对店内灯具做整体更换。这也许就是 ZARA 不管开在哪里，店里总是不缺人的"秘籍"（图 2.4.5）。

图 2.4.5　橱窗照明

做好橱窗及店铺内的照明，让消费者记住品牌的同时，更能看清商品的细节。照明设计最终要落实到使用者，所以要关注消费者的心理变化和整个消费行为发生过程当中的节点，利用设计的手段，让消费者产生视觉兴奋点，从而引导到商品上。因此在设计过程中要重视引流、停留、回流这三个阶段的设计目的，从而促进消费，才是商业照明的最终目标。

1）引流

增加人流量，吸引更多的顾客关注或进入。研究数据表明，消费者在商业走廊上行走，通常在没有特定目标的情况下步速大约是 1 m/s，注视前方 4 ~ 8 m 的范围。7 ~ 8 m 内能激发关注的刺激，被称为"有效的刺激"。若橱窗内有被关注的目标，则消费者在固定展示空间停留的时间通常为 1 ~ 2 s。在 7 s 内产生视觉刺激，就可以完成消费者的引入（也称"引流"）；消费者在 3 s 内决定了是否对这件商品感兴趣，本能地判断出进入或不进入店铺，这是一种本能的、被动式吸引。什么因素可以引起有效的刺激？照明、气味、规模、变化、声音、色彩、重复、对比。我们看到，照明居于首位，照明设计在引流阶段需要提供有效视觉空间内的有效视觉刺激。

通常在商业空间内，我们应用以下的照明手段：动态、色彩、超常的规模和高对比（图 2.4.6 ~ 图 2.4.8）。在相同刺激的情况下，高亮度或大面积（超规模）的发光体能达到更好的效果。同时应避免视觉黑洞的产生，如开放式店铺的环境光效果远低于商场公共区域光效果，即店铺内空间照度远低于环境照度，容易产生视觉黑洞，店铺很容易被消费者忽略。

图 2.4.6 动态照明
多体现于室内发光屏的演绎

图 2.4.7　色彩照明

多出现在店铺门口，以色彩变化吸引人流进入店铺

图 2.4.8　高亮度或大面积（超规模）的发光体形成的超常规照明

2）停留

尽量长时间地让消费者停留在销售区域内，延长客人停留在店铺内的时间，提升提袋率。在这里我们需要关注视觉营销。在商品陈列中，通常将店铺内空间分为三个不同的视觉层面，分别为视觉焦点（visual presentation, VP）、要点陈列（point of sales presentation, PP）、单品陈列 （item presentation, IP），目的是让展示更有层次（图 2.4.9 ~图 2.4.11）。

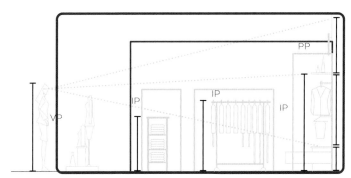

图 2.4.9 视觉焦点、要点陈列、单品陈列的分布图

图 2.4.10 VP 和 PP 区域非常醒目

图 2.4.11 VP 区域的大屏幕是一个非常好的工具

视觉焦点：涵盖整个店铺区域，是顾客对店铺的第一印象，是吸引顾客进入店铺的重要演示空间，如展示台和橱窗。这部分的照明有两种方式：第一，偏戏剧性，强调整体氛围的营造，其亮度通常不建议比同区域低，可加入装饰性照明元素；第二，关注环境亮度，通过提升橱窗和店面的亮度，来引起视觉刺激，其目的在于引起关注、塑造店铺整体形象、提升店铺档次。日本商业协会对店铺从引入端到陈列区的照明给出了他们的建议（图2.4.12）：

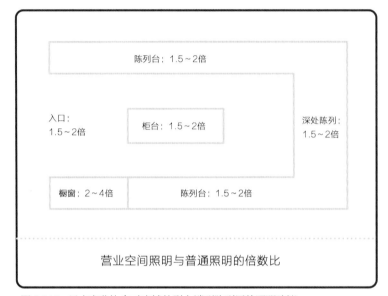

图 2.4.12 日本商业协会对店铺从引入端到陈列区的照明建议

要点陈列：是黄金陈列区域，即展柜、展架、模特、卖场柱体的位置，是顾客进入店铺后视线的主要集中区域，在这里展示的商品通常是重点推广的商品，如高背架的正挂或搁板上的展品。这个区域通常用重点照明来吸引消费者的视线，通过设置高亮度比，使主体视觉的亮度不低于环境视觉的亮度，是店铺中最亮的区域。不同重点的展示区的塑造，能够提供足够的展示点和视觉兴奋点。

通过视觉刺激虽然能够保持消费者的兴奋度，但视觉兴奋度很难持续，容易引发视觉疲劳，所以需要细腻的局部商品照明做补充（图2.4.13）。

单品陈列：80%的商品展示区，以量贩式侧挂、叠装等陈列形式来突出气势，是顾客最后形成消费的必要触及的空间（图2.4.14）。照明方面，提升垂直面亮度，控制空间环境照度，设置明亮的垂直面来展示和表现商品的细节；注重单体表现、质感的表达、色彩的表现、足够的饱和度和改善色彩表现力等；控制好背景亮度和商品的表现亮度的关系、水平照度和垂直照度的关系；关注局部商品的近尺度的展示，目的在于让消费者心情愉悦，之后激起其购买的欲望。若垂直照度低于水平照度，将不利于视线停留和视觉吸引。

图 2.4.13　商业空间照明
通过多种照明方式体现展示的层次

图 2.4.14　商业空间照明示意，根据陈列品的不同，规划不同的视觉层面

陈列分为三个不同的视觉层面，照明针对每个层面提出了不同的解决方案，这也是设计师常提到的照明层次。处理好空间的照明层次，店铺的销售量会有很大的提升，这也是近几年照明设计一直受关注的原因（图 2.4.15、图 2.4.16）。

图 2.4.15　对于酒柜的立面照明成了这家店的标志性风格

图 2.4.16　在展示墙和陈列区采用了不同的照明方式

3）回流

强化具有特色的感官体验和视觉意象，提高传播度和回头率。客人对品牌的印象较深，还希望再来进行重复消费，自觉地使用自媒体进行信息的传播。要达到以上的目的，我们还需要进一步地了解消费人群对光的诉求。

照明设计需要掌握基于人本能的对光的反应，同时需要模拟人的心理消费习惯。在比较复杂和面积较大的空间内，主动完成视觉刺激，从而刺激消费。根据统计学数据研究，在心理学心理模型中，把人分为了六种类型：纪律主义者、传统主义者、和谐主义者、思想开发者、享乐主义者和表现主义者。我们称以上六种类型的人群为目标群体，不同目标群体对光环境的喜好是不同的，也不存在一种单一的照明场景可以同时满足这六种类型的人的情况。这也意味着每一类人有他们各自喜欢的照明光环境，进入适合自己喜好的光环境中，会引发兴趣，进而引起消费。

我们综合以上六种目标群体的消费特点，将其统分为统治主义者、享乐主义者和和谐主义者三种类型。我们用统计学数据论证了他们的消费习惯以及对光环境的初步喜好（表 2.4.1）。图 2.4.17 至图 2.4.19 显示出了三种商业类型的人对店铺光环境的喜好。

表 2.4.1　三种目标群体对光环境的喜好

目标群体	年龄特点	消费习惯	消费区域光环境喜好	照度喜好	色温喜好
统治主义者	中年人	较为挑剔，不喜欢刺激	偏好一览无余、敞亮的光环境，不喜欢高亮度比的刺激性的环境，不需要戏剧效果	1000 lx 左右	3000 ~ 4000 K
享乐主义者	年轻人	喜欢丰富多彩的消费刺激，冲动消费	多层次的光照环境，戏剧化照明效果，窄光束的透光灯	500 lx 左右	4000 K
和谐主义者	中年女性	家庭消费较多，理性消费	温和均匀的光环境，中宽角度的光束	800 lx 左右	3000 K

图 2.4.17 统治主义者对店铺光的喜好

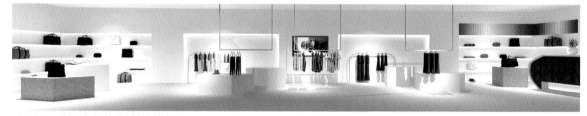

图 2.4.18 享乐主义者对店铺光的喜好

图 2.4.19 和谐主义者对店铺光的喜好

设计师要根据所设计的商业或店铺所属的类型，针对主体消费群制定有的放矢的光环境策略。对店内常见的不同材质的物品，表 2.4.2 总结了它们对照明的要求，合理的照明才能达到更好的回流效果。

28

照明法则：呈现商品、迅速有效地传递信息是商业照明设计的中心任务。

表 2.4.2 不同材质商品的照明要求

商品分类	照明要求
纺织品	均匀的垂直照度、水平照度，显色性好，注意褪色
皮革（鞋）	垂直照度与水平照度相接近，能表现出其外表及凹凸感、立体感、表面质感
小商品	垂直照度与水平照度相平衡、均匀；光源的色温与使用环境色温相近
玩具	用定向照明使它从背景中突显出来，突出表面的光泽及立体感
珠宝、钟表	用窄光束投射，背景暗，对比度达 1∶50，注重效果
陶瓷及半透明器皿	用定向照明突出其质地和半透明感，必须避免强烈的对比和阴影，也可以利用环境照明烘托其飘逸的感觉
植物花卉	合适的照度能更好地表现生长感、新鲜感，显色性好

照明设计需要围绕商品展示的中心任务展开，合理地布置光环境，让消费者直接、清晰地获得对商品形状、色彩、材料的认知，促成消费行为。而多变的照明效果也有助于达到这个目的，多变的照明方式源于光的不同入射角度，角度不同，最终的表现也不同（图2.4.20）：

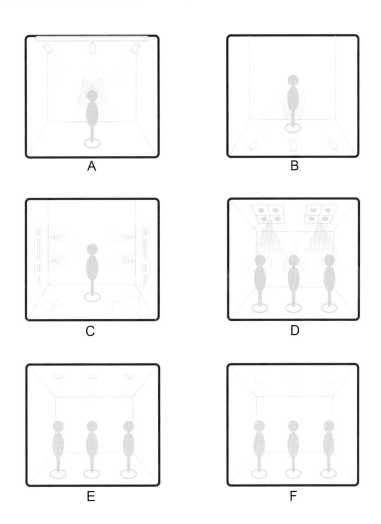

图2.4.20　不同入射角度展现的不同感觉

A：来自正上方和斜上方的光，可以很好地突出模特的造型，强调它的立体感

B：来自下方的光线可以强调模特所在的阴暗区域，营造时尚感

C：来自两侧的光线，用于突出模特的立面细节

D：来自上方多个角度的光线，用于营造无阴影的效果，让人放松，更好地挑选商品

E：多个模特的光照也可以采用正上方直射的方式照明

F：如果采用明装轨道灯具进行照明，在更换展示模式、增加模特数量时就可以随之调整灯具的数量和位置

2. 大型商业空间如何利用光

光会影响人的情绪和情感，有些是正面的，有些是负面的。神经学和心理、生理学的研究，证明了光学的参数对人的情感影响力是巨大的。因此，商业空间中的导视系统除了用标识系统完成，灯光设计更是一种心理导视。

商业空间通常分为消费区域、交通区域和服务区域。室内设计师应该首先考虑这三个区域的硬装及动线。照明设计师需要根据空间功能的不同，区分三种不同的光环境氛围，作为视觉的初步导向，同时制定总体的标准。

（1）消费区域的照明。由于消费区域灵活多样，照明方面以提供均匀亮度的光环境为主。商业消费区域分为独立开放性柜台、品牌专卖店、轻餐饮开放性柜台、品牌餐饮店、品牌娱乐店。照明无法顾及每一个品牌的个性照明，但需要提供灵活的照明系统，甚至需要考虑新的消费形式如创意集市、装饰物拍卖会等。

需要特别说明的是中庭区域，很多设计师认为中庭是商业建筑的交通枢纽，但是我倾向于将中庭归入消费区域。现代大型商业中心会将很多临时商业活动安排在中庭进行，一些品牌的花车特卖会也在中庭进行，所以中庭是非常重要的消费区域，需要为销售活动提供专业的灯光。

一般在中庭会大量引入自然光，营造接近自然的光环境。自然光充足的空间，会让人们感到十分放松，可以有效地减缓其移动速度，这样就可以有效地引导顾客进入店铺。但是人工照明也是非常重要的，除了应对可能开展的临时活动和促销，软装设计师多会在中庭区域设置一些视觉冲击力较强的装饰物，可能是大体量的雕塑或装饰物，此时重点照明必不可少。这个区域的照度应该保持在 500 ～ 1000 lx，建议色温控制在 3000 ～ 4500 K。一般中庭的灯具安装于顶部钢架上，并选用窄角度、大功率的灯具。如果有条件，将顶部装饰照亮也是不错的选择（图 2.4.21、图 2.4.22）。

（2）交通区域的照明。交通区域主要以通道、楼梯、扶梯、观光电梯为主，可以说这部分区域是消费者使用最频繁的区域，这部分的照明不是主角，但要做好配角的工作，提供优质的环境照明尤为重要。通道部分的照明通常由下照灯完成，很多设计师习惯将灯具等间距地布置来达到均匀的照明效果，但是这样并不是最佳方案。我们的项目不会这样处理，如图 2.4.23 是一商业项目的天花板，可直观地看到灯位的处理，它并不是均匀等距的布置。 现在商场的交通区域在利用下照灯的同时也会大量使用线形灯带和弧形灯槽，在走道上方打造连续的光带。这些光带沿着动线延伸，起着将人流引入商场各个区域的作用。但是不要在通道部分设计过高的照度，建议照度在 100 ～ 300 lx 之间，因为一般店铺内的照度为 500 ～ 1000 lx，通道照度过高会抑制品牌店铺的表现。如果通道亮度过高，品牌店铺为了凸显自己会继续提升店铺的亮度，这样极容易引起消费者的

图 2.4.21 商业中心室内白天照明
中庭大量引入自然光，营造接近自然的光
环境

图 2.4.22 商业中心室内夜晚照明
中庭的大体量的雕塑或装饰物，需要重点
照明

图 2.4.23 商业
项目的天花板，
灯位并不是均匀
等距的布置

视觉疲劳而不愿继续停留。很多设计师会有疑问，通道不够亮怎样吸引客流呢？这时你需要增加垂直面也就是墙面的亮度。适当地增加洗墙灯具照亮墙面与对地面粗暴地增加照度相比会取得事半功倍的效果。

设计师应知：商业空间照明设计，由于招商营销的品牌多样性，照明顾问不仅需要向业主提交室内照明方案，同时要提交室内照明标准建议书，在建议书中值得一提的是，我们限制每个品牌店铺的标志牌亮度及室内空间的亮度，保证商业空间内不要形成高亮度的"群雄争霸"之势，尽量保证商业综合体整体的氛围和谐。

对于扶梯的照明，需要注意不要把照明的工作推给电梯制造商。随着电梯产业的发展，扶梯制造商已经将部分的照明产品集成在自己的产品中，但它不一定是设计师和业主希望看到的照明效果。扶梯的照明，可以做得很有意思。在扶梯区域加入一些细节的创意设计，如将灯具极好地隐藏起来，让光从扶梯中透出，让扶梯成为发光体等，这些创意设计可以让消费者耳目一新，提升商业空间的附加价值（图 2.4.24、图 2.4.25）。

图 2.4.24　扶梯侧面和背面的发光肌理，使得扶梯给人超乎寻常的轻盈感

图 2.4.25　狭长通道中的扶梯使用彩色光，避免给人幽暗、紧张的感觉

　　观光梯的设计手法和一般电梯不同，我们认为观光梯如果通透如水晶盒子，在商场空间内垂直穿梭时是非常漂亮的，也可以在节日的时候加入一些变化。在平日里相对于其他的电梯来说，它应该保持高贵的气质，亮度可以略高于通道的亮度（图 2.4.26）。

图 2.4.26　发光的观光梯上下移动宛如漂浮的水晶盒子

商业空间灯带照明的应用，是为了保证通道在视觉上的整体性和连续性（图2.4.27、图2.4.28）。室内设计师有时会提出"空间的功能性照明也由灯带提供"的要求，此时照明顾问需要说服室内设计师灯带的亮度不宜过高，它的照明类型是装饰性照明。通道的主要照明还是以下照灯为主。

图 2.4.27　连续性灯带的装饰效果非常好

图 2.4.28　隐藏于天花装饰板后方的下照灯

（3）服务区域的照明。服务区域是商业空间中细节的展现区域，主要为休息区、洗手间和会员服务区。这部分区域的照度应略低于通道的照度，以使顾客在此区域休息时尽可能地放松下来。

洗手间，被誉为客户最挑剔的区域。顾客对商业空间中洗手间的要求甚至不亚于对酒店洗手间的要求。从标识的引入到洗手台盆、补妆区、整理区、马桶间，照明需求多样。洗手台盆前的照明需要严格控制，不能在高反光的材料上产生眩光，但是台盆的照度必须保证。建议采用窄角度灯具从正上方照亮台盆，在台盆区形成 500 lx 左右的高照度区域，但下照光线必须足够窄以致不照到人的面部。这样做有两个好处：一是可以保证洗手时没有阴影阻碍；二是高亮度的台盆会给人洁净卫生的感受。补妆区需要考虑垂直面照明，增加镜前灯避免脸部出现阴影。镜前灯的形式很多，例如装饰性强的壁灯、与镜子集成在一起的灯具等，人面部的垂直照度保证至少有 200 lx，当然显色性越高越好（图 2.4.29）。马桶间的光，我们以人坐在马桶上为参照点，如果灯光靠前，人会感觉紧张；若光来自后方，人会感觉安全且舒适。但是灯光不宜过于靠后，不要在马桶内部形成阴影，高亮度的马桶洁具也会给人清洁卫生的感受（图 2.4.30）。

<table>
<tr><td>

29

照明法则：大型商业中心的公共区域照明不能是一成不变的，各个区域的照明方式要有不同的设计。

</td></tr>
</table>

图 2.4.29　镜前灯的照明

图 2.4.30　马桶后方有窗的室内照明（图片来源：云行设计）

3. 动感光、色彩光和白光，谁更适合商业空间

动感光（也可以称为动态照明）、色彩光与白光都存在于商业空间内，谁在促进消费方面有更优异的表现，是我们接下来要讨论的问题。根据数据分析，动态照明可以第一时间吸引来往的消费者，引起消费者关注；色彩光着重于光色对物体的渲染，增强氛围；而白光，更适合将材料所具有的独特质感呈现出来，有助于在视觉阅读的基础上建立对展品的整体认知。

动感光：对于动态照明，我们并不陌生，也是最近几年城市亮化最普遍的做法，我们称为"电视机"照明。每一栋建筑都承担了部分"电子屏"的功能，使用的产品非常单一，利用控制系统，在楼体立面上呈现各种动态演示的效果。然而这并不是我们追求的动态照明。

动态照明主要指灯光变化的多样性，大致可分为时间性变化、色彩变化、情节变化等。我们常见的单一性变化，多半受限于成本。

应用实例：2017年我们完成了一个全封闭的室内商业环境的照明设计。此项目由于建筑所限，空间内没有自然光进入，极大地影响了人的停留意愿，我们在上文中提到过。商业形态以模拟小镇形态为主，最终照明的目的是为小镇打造黎明、正午、黄昏、深夜的景象，使空间更具有体验感。同样的街景，通过时间控制系统，可让同一批客人在不经意间看到的景物有变化并有新的发现，使其充满愉悦感，增加购物的乐趣。白天具有跃动感，夜晚又很恬静，完全凭借人工光模仿自然光的漫射效果来实现（图2.4.31～图2.4.37）。

图 2.4.31　利用灯光模拟夜晚的街道

图 2.4.32　小街一角夜晚模拟效果

图 2.4.33　小街一角中午模拟效果

图 2.4.34　灯光模拟夕阳的效果

图 2.4.35　仿佛路灯下的小街

图 2.4.36　夜晚窗内透出暖暖的灯光

图 2.4.37　模拟正午下的阳光

应用实例： Dior 在 798 艺术区曾经成功地举办了一个名为"Dior 与中国艺术家"的展览，一票难求。不但艺术家阵容强大，展现出的效果也非常震撼人心。每个艺术家负责一个空间的"品牌故事"。其中，关于 Dior 香水的展示，结合了光和气味的情节变化来实现。高亮度比的空间中，以 Dior 经典香水广告为背景，展示柜内展示着铜质香水瓶，参观者利用红色激光对铜质的瓶子做选择，同时灯光会有微弱的变化，在闻香区则会有淡香溢出。这是一个情节的变化，在一个亮度极低的空间内，灯光的变化非常细腻，参观者几乎读不到展示说明，但凭借着变化与导引，便可以自然而然地完成这个体验式参观（图 2.4.38）。

图 2.4.38 体验式室内照明（图片来源：WAC Lighting）

色彩光： 色彩是一个非常感性的设计元素，与人的心理感受联系密切，在商业空间中容易受到关注。正常人眼在明亮的照明环境中能够分辨各种颜色，光的颜色和物体的颜色都是由构成颜色的可见光谱中不同波长的光相加混合后进入人眼而引发的视觉效果。通常可见光的光谱范围可粗略地划分成六个颜色区域，每个波段的主要色调及其代表波长和波段范围如表 2.4.3 所示：

表 2.4.3　可见光谱波段划分及其色调

波长及范围	色调					
	红	橙	黄	绿	蓝	紫
代表色的波长（nm）	700	620	580	510	470	420
波长范围（nm）	750 ~ 640	640 ~ 600	600 ~ 550	550 ~ 480	480 ~ 450	450 ~ 400

色彩光是非彩色光（即白、黑系列光）之外的各种颜色的集合，我们首先应该了解它的三个特征：明度、色调和饱和度。

① 明度：色彩的明度同样取决于亮度，亮度越高的彩色，其明度也越高。在相同的照明环境下，彩色物体光的反射率或投射率越大，其亮度也越高，所引发的明度也就越高。因此，浅色的物体比深色物体的反射率或透射率高，在相同的照明条件下，浅色物体的明度也高些。

② 色调：即色彩彼此间相互区分的属性。可见光谱中不同波长的光辐射在人眼视觉上表现为各种色调，粗略划分可分为红、橙、黄、绿、蓝、紫六大色域。若精细划分，人眼实际上可识别出 100 多种光谱色调，统称为光谱色。再加上可见光谱中没有而实际生活中有的紫红及红紫系列中的若干色调，实际可表述的色调就更多了。

③ 饱和度：即纯度，是指色彩的纯洁程度。光谱色由单波长的光组成，它的光色最纯，饱和度最高。有了激光，才有高饱和度的色光。例如，氦氖激光器产生波长为 632.8 nm 的橙红色激光。一般而言，光辐射的波长范围越窄，或波段有一定宽度，各波长的光能相差越显著，则光色饱和度越高；反之，光辐射的波段范围越宽，且光能差异越小，则它的光色饱和度就越低。

了解了色彩光的特性，商业空间的色彩光设计应从两个方面考虑：第一，利用色彩光的醒目性吸引消费者的注意；第二，对不同商业空间进行环境氛围的渲染，提升空间层次与形象。

我们先说第一方面，自然界中的生物在几亿年的进化中，颜色除了保护自身之外还被用于吸引异性和警告敌人。因此用颜色来引起同类的注意是 个非常古老的方法，但是非常有效，因为人们对鲜艳颜色的反应是深深印刻在我们的基因中的。大量的实践证明，空间色彩和商品色彩不仅能吸引消费者的注意、唤起消费者的兴趣、刺激消费者的购买欲望，还能使消费者获得愉悦的精神享受。

不同的颜色（光）刺激人眼会引发不同的心理效应，产生不同的情感反应，浮现出迥然不同的联想。不同的民族、生活环境，不同的年龄、性别、职业和文化素养，以及对颜色的不同喜好都会对颜色的心理效应产生不同程度的影响。不同颜色的光源表达出不同的情感，空间的情感需要不同光色的光源进行渲染和烘托。颜色的情感性和联想象征性的一般表现如表 2.4.4 所示：

表 2.4.4　颜色的情感与联想

颜色	情感	联想
红	热情、火热、活跃、激怒、革命、勇敢、警觉、危险	血、太阳、日出、火、战争、格斗、火拼
橙	诱惑、威胁、权势、愉悦	日落、火焰、秋、甜橙
黄	光明、快乐、希望、高贵、嫉妒	皇袍、水仙、柠檬、佛光
绿	和平、平静、理想、悠闲、青春、新鲜、安全、希望	草原、植物、树林、海洋
蓝	宁静、神秘、冷静、优雅、悲哀、追忆	天空、海洋、远山、月夜
紫	高贵、优雅、华美、庄重、神秘、宗教、幻想	梦、仪式、死亡
白	洁白、光明、神圣、快活、纯洁、悲伤	雪、白云、日光
灰	不鲜明、不安、忧郁、不明朗	阴天、灰烬
黑	寂静、沉默、恐怖、罪恶、悲哀、失望、伤感	黑夜、黑洞、墨、墨汁、黑幕、黑纱

　　当然我们要清楚，整个店铺内的颜色风格还是以室内设计师的意愿为主导，照明设计师需要根据室内设计师的意图，配合设计灯光的颜色。针对不同商业空间、不同的商品，通过对不同色彩光的把握进行空间色彩的设计，进而体现不同的商业文化与特色，并与人的心理情感产生互动（图 2.4.39）。

图 2.4.39　店铺色彩设计

还有一种色彩光的设计方式，这种色彩光表面上看起来还是白光，但是由于增加了特殊的光谱，在投射到商品上后会呈现出特殊的效果，促进商品的销售。这种照明设计手法广泛用于超市卖场。

应用实例： 在传统光源时代，最典型的例子就是光源厂家专门针对冷鲜肉的光谱研发的荧光灯管，俗称"鲜肉灯"。还有利用高显色性的高压钠灯光源（俗称白钠灯）配合特殊的反射器和滤镜对水果、面包进行照明的手法（图2.4.40、图2.4.41）。

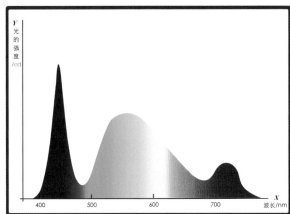

图 2.4.40　灯具中特别增加的红色光谱对肉类有非常好的照明效果

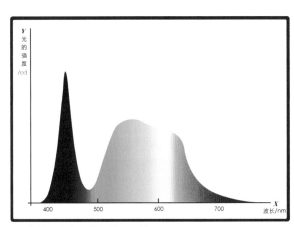

图 2.4.41　灯具中特别增加的橙黄色光谱对烘焙的面包有非常好的照明效果

进入 LED 照明的时代，定制光谱已经成为可能，虽然在一块芯片上做定制光谱成本过高，但是利用几块不同光谱的芯片进行组合，可以非常好地做出针对特殊商品的照明灯具。同时使用高显色性芯片，配合高照度，也可以达到非常好的照明效果（图2.4.42）。

图 2.4.42　利用定制光谱灯具照明的超市（图片来源：iGuzzini）
那种利用红色遮阳棚、红色遮光灯罩的照明手法已经被时代所淘汰

　　白光：这里说的白光，指的就是常见的 2700 ~ 6500 K 的接近黑体辐射轨迹的混合光。3000 K 左右的白光，在商业环境中多用于提供优质的重点照明（图2.4.43）。尤其是精品店高档次的商品，多会在把照明做得低调的同时，严格控制亮度比。照明除了将商品最好的一面呈现出来之外，还要注重商品的艺术性表象。当下有一些商业的形态，是将艺术展示与商品展示同时融入商业空间，商品和艺术品相辅相成，在空间中共生。

图 2.4.43　3000 K 左右的白光在商业环境中的表现（图片来源：iGuzzini）

高于 4000 K 的白光常用于表现宽阔的销售空间，体现产品的科技感和简洁的外观设计，例如苹果专卖店或者无印良品专卖店等（图 2.4.44）。

介绍了这么多其实大家可以发现，我们并没有比较动感光、色彩光、白光哪一个更好，我们只是希望通过这些介绍引导大家进行深入的思考，在项目的实践中自己得出答案。

图 2.4.44　高于 4000 K 的白光在商业环境中的表现

4. 传统光源和 LED 光源谁更适合奢侈品店

现在设计圈有一个概念：LED 光源已经可以完全替代传统光源，传统光源已经被全面淘汰。那么这种说法正确吗？在对灯具价格不敏感的奢侈品零售店这个领域我们可以直观地得到答案。

我们看下面的案例：图 2.4.45 为 Dior 展示婚纱主题的空间。在这个空间中人们容易注意到的是展台中的衣服，橱窗中的标志牌，以及作为装饰的瓷质摆件、香水瓶、包包等则处于次要的视觉范围，这些物品照明都是由传统光源提供的。

图 2.4.45　Dior 展示婚纱主题区（图片来源：WAC Lighting）

30

照明法则：现代商业照明设计的手段和方法很多，照明设计师应该以客户的需求为出发点，以完美呈现商品为设计的主要任务，创造兼顾艺术性的、有吸引力的、多样性的商业照明环境。

设计师是在充分比较了传统卤素光源和 LED 光源之后才决定使用传统卤素光源的。其主要原因是色彩还原度。卤素光源的发光原理决定了它的光谱是连续性光谱（和太阳类似），也就是说它不需要利用三原色原理（三刺激值理论），而是利用多种光谱混合刺激视网膜来还原物体的颜色，它的光谱中本身就含有这种颜色。因此卤素光源可以最大限度地还原商品的本来色彩，以及材质的视觉效果。这种特性使得它在对商品品质非常挑剔的奢侈品市场大受欢迎。

然而对于另一种传统光源"金卤光源"则是另一种情况，以前的奢侈品零售店选用金卤光源，原因是金卤光源相对卤素光源有高光效和高光通的优势，而且显色性也在可接受的范围内。但是现代 LED 芯片和金卤灯相比，有色温准确、光效高、显色指数高等优势，目前已有能够模拟太阳光谱的高显色指数、高光效的 LED 芯片，这个在商业照明领域是非常有优势的。另外 LED 光源产品具有一个金卤光源无法达到的功能——可以调光（卤素光源也可以调光）。这些因素使得 LED 光源逐渐替代了金卤光源。

但是在高端的奢侈品零售店，希望设计师们不要盲目地否定传统光源。当遇到挑剔的客户时，不妨考虑卤素光源。

既然已经说到了奢侈品专卖店，我们就深入了解一下奢侈品专卖店的照明设计。

奢侈品店一般会分为时装和皮具、汽车、珠宝和腕表、葡萄酒、家具和橱柜等几个种类。下面我们会一一介绍这些奢侈品店照明设计需要注意之处。

1）时装和皮具

这种专卖店非常注重装修品质，展示方式是多样的，并不纯粹以传统店铺中的展架或展台为主，且店内会放置各种装饰品，让人感觉宛如置身于某个生活空间内。若是店铺临街，还会增加控制系统，根据天气变化、季节变化调节室内的人工光，使任何时间进入店铺中的客人都可以获得最佳的购物体验。当然，根据相应的节日或主题来变换照明也是必不可少的。

高端皮具店的选址也非常讲究，他们除了在繁华的市中心区域选址作为旗舰店铺，还会选址在城市的老建筑中，作为为会员制客人提供服务的 VIP 店铺，这样的店在意大利的佛罗伦萨，中国的上海、北京都屡见不鲜。在这些空间中，不但要突出展品，突出建筑特色也极为重要，如墙面的大师名画、屋顶具有历史意义的雕花等。我们这里介绍一些城市店铺例如坐落在新加坡 MBS 的 LV（路易威登 Louis Vuitton）旗舰店（图 2.4.46），上海恒隆 PLAZA 66 的 LV 旗舰店（图 2.4.47、图 2.4.48）。

这些奢侈品店都非常注重灯光对材质的表现，所以灯具光源仍然选用了对材质表现最佳的卤素光源。特别是皮革制品的材质和纹理，被表现得十分精致和高雅。

31

照明法则：一般的商业零售店选择 LED 光源没有问题，但是如果在需要特殊表现商品色彩、材质、纹理和表面处理的项目中，可以考虑卤素光源。

图 2.4.46 新加坡 MBS 的 LV 旗舰店中所有的商品都放置在宛如客厅的空间中（图片来源：路易威登）

图 2.4.47 上海恒隆 PLAZA 66 的 LV 旗舰店（图片来源：路易威登）

图 2.4.48 光的分配自然，模拟日常家居的光线布局，但是所有商品都被照亮了（图片来源：路易威登）

在自然光充足的区域，重点部位照度达到 800 ~ 1000 lx，其他装饰品也有 500 lx 的照度。在保证环境明亮的基础上，突出表现销售的商品。在自然光不足、环境较暗的区域，灯光也适当调暗，重点商品保证 300 ~ 500 lx 的照度，辅助装饰品保证 200 lx 左右的照度。当夜幕降临时，所有区域的照度都会进行调整，降至 300 lx 左右，保证客人的舒适体验。

2）豪华汽车展厅

顶级汽车的旗舰店对照明的要求也是非常高的，各大厂家对照明都有自己的标准，例如梅赛德斯－奔驰要求展厅照明的方式以二次反射系统为主；法拉利更是要求灯具厂家特殊定制了一款以法拉利车灯为原型的轨道射灯，专门用于自己的展厅。

一般来说，采用直射光和漫射光结合的方式会将车辆表现得非常漂亮。车体上反射的漫射光会非常明显地表现车辆的线条，而高亮的光线可以突出车体的细节设计。采用高亮度、高显色性的灯具可以增强汽车表面材料的自然表现，突出车体轮廓、特种油漆的效果，以及方便客户检查汽车内饰，有助于与客户建立信任，使其下决心购买（图 2.4.49）。

图 2.4.49　汽车销售展厅
车体表面平均照度必须达到
1500 lx，展厅基础照度也需要达
到 300 lx，色温以 4000 ～ 5000 K
为佳

3）珠宝和腕表专卖店

　　珠宝和腕表专卖店的照明一般分为环境照明和展品照明两部分：对于环境照明，为了让客户感觉舒适，一般会在非展示销售区域设计较低照度，灯具功率较小，色温以 3000K 为主；而展品照明则会以展柜内照明为主。由于 LED 体积非常小巧，且 LED 的光效和显色指数都达到标准，不少展柜内照明都开始使用 LED（图 2.4.50）。例如著名的施华洛世奇水晶专卖店，之前全部采用光纤作为柜内照明，现在已经改用 LED 灯具了。商品表面照度至少为 1000 lx，这样才能将珠宝璀璨的感觉充分展现在客户面前。灯具的显色指数在 90 以上。色温则要视展示珠宝的底色而定，如果是黄金饰品则以 3000 K 为佳；如果是铂金、钻石或者银白色外壳的手表则以 4000 ～ 5000 K 色温为好。

　　中心展柜上方当然也需要有灯光下照，因为最终还是需要将商品取出放置在展柜上方供客人挑选，所以这个位置也需要 500 ～ 1000 lx 的照度（图 2.4.51）。

图 2.4.50 用 LED 照明的展柜（图片来源：汉文设计）

图 2.4.51 翡翠销售展厅（图片来源：汉文设计）
环境照明选用 3000 K 色温灯具，但是展品照明则选用 4000 K 色温灯具

4）葡萄酒售卖场

葡萄酒售卖一般是在酒庄内或高端会所内部，照明方式会接近酒庄和会所的照明方式，一般以3000 K的光为主（图2.4.52）。但是展柜需要采用专门的灯具，要求整个展柜不会出现暗区，照度一般为300 lx，过高的照度会让人担心酒品变质。由于有现场品酒的需要，一般会将灯具的显色指数控制在90以上，方便客人辨识酒色。

图 2.4.52　葡萄酒销售展厅

5）家具和橱柜

这类专卖店极其重视场景布置，一般会将家具按家庭实际使用场景布置，灯光也会按照家庭实际使用以装饰灯为主。但是需要注意，装饰灯虽然多，但是无法完全将家具、橱柜的效果展示给客户，还是需要增加重点照明灯具将其照亮，并且根据展示方案，可能还需要增加模拟自然光线的灯具（图2.4.53）。

图 2.4.53　奢侈品家具销售展厅

　　家具多以立面布置，所以灯具使用也需以立面照明为主，尽量使用洗墙灯具，而宽角度的可调角度灯具也勉强可以。色温以 3000 K 为主，如果需要模拟天光则以 4000 ～ 5000 K 为好。家具、橱柜表面的照度须达到 500 lx，才能完美地表现出家具的材质和表面纹理。灯具的显色指数须达到 80 以上。

　　不同奢侈品店（或精品店），每个空间的风格可能完全不同，每个奢侈品牌的店面布置、色彩应用也不相同。店面的设计也会按照客户对品牌的理解，而设计不同的空间。因此，采用什么样的光源最终也要看项目的需要和客户的需求。

　　设计师应知：产品的更新换代不可避免，照明顾问除了在公司完成项目上的工作，更需要了解照明产品的趋势和动向，参加照明产品的专业展会，如法兰克福照明展 Light+Building。在展会中，不但会看到灯具厂家热门应用的产品，超前的新概念产品也常见，比如十年前我们就看到了不少采用 OLED 光源的新概念灯具。照明设计师的意识需要领先这个时代，才能做出好的设计。

　　◎照明贴士　考虑用何种照明产品来达到预想中的灯光效果，照明设计是第一步。谈论传统光源和 LED 光源，只能用一些客观的测量数据来对比其优劣。如果没有对照明空间的设计，尽管使用了最奢侈的产品，提供了最优质的光效果，但用错了位置，还是达不到良好的灯光效果。

2.5
家居空间照明

照明顾问，已经不像十年前是一个新鲜词。照明顾问在中国市场上，从最初的为世界 500 强企业的办公楼提供外立面照明方案，到为身边的私人业主提供家居照明解决方案，期间经历了十年时间。也正是这十年，普通的业主也可以通过优质的照明环境为家人提供生理和心理上的愉悦。

照明顾问根据每一位家庭成员的特点、喜好、习惯等因素，同室内设计顾问进行空间功能及个性化设计上的沟通，设计出多样性、智能型、丰富多彩的光环境。同时，选用的灯具产品不但能提供优质的光，而且更容易安装和维护。

插页 2 的表是我们接触到客户并了解了家庭成员的习惯以及照明诉求之后，初步为客户提供的照明规划，这也是家居照明解决方案的第一步。

大多数的建筑设计顾问和室内设计顾问都能理解照明顾问的重要性，而且逐渐遵从专业顾问解决专业问题的原则，向业主主动推荐照明顾问来解决照明方面的问题。业主通常的解决办法有聘请照明顾问和请灯具厂家解决两种。无疑从费用上看，第二种做法节省了设计费。但这样做的缺点是，灯具厂家仅使用自己品牌的产品来提供解决方案。然而照明顾问通常不会这样做，他们很少只用一个厂家的产品来完成整个项目。究其原因，要么是没办法满足效果要求，要么是没办法满足成本控制。

照明顾问在项目开展过程中，还会经常承担一份工作：特殊定制的灯具设计。这通常源自业主或室内设计顾问的特殊要求，因为在家居照明设计范畴内提到的定制灯具通常是装饰性照明灯具。

应用实例： 这是我们根据业主和室内设计顾问要求而定制的一款灯具，柔性的"芦苇秆"增加了灯具的灵活性，"芦苇头"所用的材质、颜色是可以定制的，当它们足够密集的时候，相互碰撞时会发出如风铃般清脆的响声（图 2.5.1）。

图 2.5.1　定制产品设计 （图片来源：名谷设计机构）
定制的芦苇灯在过道区域（左图）和入口区域（右图）的实际效果

如上的灯具解决方案，是设计师在项目中经常碰到的。虽然提供功能照明的灯具在现阶段已经发展得相对成熟，但有相对极端的情况时，设计师还是会为客户提供关于功能灯具的定制。

家居空间内的每一个区域都肩负着自己的责任，它们有着自身的文化和发展的历史，每个区域对光的需求完全不同，按照主人的习惯和喜好，梳理出光的需求，并实现它，是家居照明的终极目标。

1. 柴米油盐酱醋茶，照明从一张餐桌开始

谁来主导照明设计？不是照明顾问，是业主自己。这是一个不负责任的做法吗？恰恰相反，这是一个负责任的做法。可能每个城市都能看到一些套餐式的装修广告，花 10 万元左右的价格，为你提供六选一的家装样板，还赠送洁具、家用电器。业主有没有想过，在房价动辄几百万元甚至上千万元的今天，你还没有仔细地了解自己和家人的生活习惯，就简单粗暴地挑选一个六选一的方案，是不是有些草率。

为什么这样讲，我们来分析一个简单的家庭单位，通常可以将家庭成员按年龄段分为三类：老年人、年轻人和孩子。三代人生活在一套房子中，但对光的需求完全不同。

我们以老年人为例：老年人由于年龄的增长，视觉器官退化，多会出现以下问题：

（1）进入视网膜的光线比例降低；由于水晶体黄化，光谱中的短波段尤其被削弱，对蓝光的敏感度严重降低。

（2）反应变慢、亮度调整变慢、物体聚焦变慢。

（3）对颜色饱和度和对比度的反应降低。

（4）对眩光敏感度高。

在很多情况下，老年人的视觉作业面需要更高的照度。其最佳值一般定为同样作业面情况下，视力好的年轻人所需照度的两倍甚至更高。仅仅提高照度就解决问题了吗？没有！还有三点要求更重要：第一点，保证物体与背景物之间、与视觉作业面之间的高对比度；第二点，尽量控制、减少眩光；第三点，也是最重要的一点，减少高智能控制系统在老人房间的存在。

最值得一提的是第三点，大家有没有注意到智能手机对老年人的挑战性。很多老年人甚至不会用智能手机拨打电话。我们实际接触到的项目，年轻人出差，老人带着孩子在家里，三天没办法关灯，足见智能家居系统的操作不够人性化。

对孩子而言，保护性和安全性应该时刻存在于孩子的房间。儿童房应尽量提供漫射光，只在个别的区域，如书桌、玩具桌这些任务面上提供重点照明。灯具的安装位置，尽量选择孩子无法触碰的区域，并且选用低压的照明产品。

看了以上这些分析，业主可以在照明顾问进行设计之前，与其在亮度的偏好、照明的使用习惯、成本的控制、后期的维护等方面做一个全面的沟通，而不是简单地对照明顾问说："照明我不懂，做出来再看吧。"

一个家庭单位使用率最高的空间是餐厅，餐厅是一个消耗食物的空间，也是家庭成员相聚的区域。

现代餐厅由于室内风格的不同，分为中式和西式餐厅照明两种，但都遵从以下的原则：

（1）任务：主要考虑在营造节日氛围和提供足够照度的同时，突出食物的颜色、纹理和材质。因此光源的显色性应该高于 90，色温 3000 K。

（2）照明区域：把整个桌面作为主要任务区域来考虑。如果有独立的服务区和备餐区，那么这部分区域应该作为厨房柜台的任务区域考虑。

（3）控制：多位开关或调光设备，可以在特殊时刻调整照明水平，多用于增加餐厅照明的娱乐性。房间表面的反射率将会影响照度等级的选择。

（4）特殊设计要素：必须有足够强的下照光线突出桌面，创造吸引人的焦点。但是这种方式不能单独使用，否则会造成面部表现失调，以及严重的阴影。

强下照光必须远离人的面部（这个受限于桌子本身的边界）或者很好地被来自桌面、墙面、天花板的间接光所平衡。桌子表面的自然特性也会改变光线的分布：下照光在光滑的镜面桌面（例如大理石和玻璃桌面）会产生令人讨厌的镜面反射。如果所有下照光都集中于桌面，则有颜色的桌布会明显渲染反射光线的颜色。裸露的光源，例如没有灯罩的低瓦数灯泡是可以接受的，尤其是有基础照明而且背景光线并不是太暗的情况。如果墙面较暗，为了保持明暗对比在一个舒适的范围内就需要更多的基础照明。如果餐桌要时不时地移动位置，那么一盏可以灵活调整安装位置的吊灯就会非常令人满意。

细心的你会发现，正式宴会的照度推荐值要低于非正式宴会，因为正式晚宴其实反而需要一个比较暗的环境。用餐区域的照度推荐值如表 2.5.2 所示：

表 2.5.2　用餐区域的照度推荐值

项目	水平照度（lx）			垂直照度（lx）		
	年龄			年龄		
	<25	25—65	>65	<25	25—65	>65
国家标准	无要求	150	无要求	无要求	无要求	无要求
正式宴会	25	50	100	10	20	40
非正式宴会	50	100	200	20	40	80
学习使用	100	200	400	25	50	100
早餐	100	200	400	25	50	100

注：表内数字会根据功能和居住者的年龄而有所变化。

2. 用 3000 K 色温营造了一个有气氛的厨房，妈妈怒了

厨房是住宅或商业机构中用于烹饪的区域，也是住宅空间内作业面最多的空间。厨房的演变与烹饪范围、炉灶的发明以及能够向私人住宅供应自来水的水基础设施的发展有关。一个现代化住宅厨房通常配备有炉灶、烤箱、冷热自来水、冰箱、橱柜和水槽，且按照模块化的设计安排。许多家庭还配有微波炉、洗碗机等电器。厨房的主要功能是储藏、准备和烹饪食物的场所，甚至可以将厨房看成一个烹饪工作室。一切关于厨房的设计都必须围绕"方便""好用"展开，在这个基础上才能进一步追求"美观""艺术气息""设计感"等。

厨房中的每个角落都需要照明，这也是跟其他空间最重要的一个区别，在这个空间中，最不需要营造的就是氛围。有氛围就意味着有阴影，就有明暗对比。厨房中任何一处都放置着烹饪用品和食物。锅碗瓢盆、鸡鸭鱼肉、刀具、炒勺、蔬菜、鸡蛋、处理中的半成品可能占满了整个厨房，任何的阴影都是不受欢迎的。厨房中最需要的照明，是均匀的、明亮的、没有阴影的、高显色性的光环境（图 2.5.2）。如果真的按照酒店餐厅那样设计一个充满情调的厨房，估计老妈第一时间就不会做饭了，因为她老化的眼睛可能已经看不清菜板上是肉还是白菜了。

图 2.5.2　厨房灯光规划

在日常生活中真正适合厨房的灯具基本就是发光面较大的灯具，如图2.5.3所示灯具发出的光线是全方向的、柔和的。这种全方向的光线再经墙面和天花板的漫反射后会均匀地布满整个厨房，将所有的部位都照亮。只要稍稍注意灯具的安装位置，尽量分散在厨房的几个方位，那样人在厨房中任意移动也不会造成非常明显的阴影。值得注意的是，有些厂家开发出了一些大功率的厨房灯具，似乎是为了减少灯具的使用数量，却增大了灯具的表面亮度，造成了眩光，这是得不偿失的。

图2.5.3 发光面较大的灯具（图片来源：iGuzzini）

关于厨房的色温问题：橱柜厂家通常将橱柜内灯具的色温配置为5000～6500 K，因为高色温的LED灯具光效较高，可以让厨房样板看起来更亮、更洁净。其实这种做法并不合理。厨房的色温取决于它与餐厅的位置关系。如果厨房与餐厅连接，厨房的色温最好与餐厅一致，色温可偏低；如果厨房是独立的，建议用高色温，但不宜超过4000 K。

最新的一些豪宅项目中会将厨房和小餐厅合并起来，这就要求我们的照明系统必须满足两种使用功能：一是纯粹的厨房照明，一是用于精致的餐厅。这时传统的面发光灯具就无法使用了，必须使用可以营造氛围的嵌入式可调角灯具。这种厨房的橱柜通常是有强烈的装饰风格的，可以使用密布的宽角度（45°～60°）的灯具将橱柜（不管是分体式还是立柜式）的立面（也就是橱柜的门）照亮。在水池上方和中岛上方增加大量的窄角度下照灯进行照明。但是这种方式在人靠近橱柜时仍然会有巨大的阴影，这时吊柜下方必须安装大量的吊柜灯具，以消除阴影（图2.5.4）。

◎照明贴士 厨房作为烹饪场所，不太适宜采用太多华丽或者过于温馨的灯光。有数据表明，4000 K左右，显色指数接近90的光，既可以让味觉变得敏感，也能让空间显得更加整洁。

）	光通量(lm)								寿命(h)	显色指数 R_a	外形图
6000	7000	8000	0 500 1000	5000	10 000	50 000	100 000	500 000			
2000								100~3000	1000	100	
2000								100~3000	1000	100	
2000								100~700	1000	100	
2000								100~700	1000	100	
2000								200~700	1000	100	
3000								60~3200	2000~4000	100	
3000~4500								400~2000	2000~4000	100	
3000								400~2000	2000~4000	100	
3000								840~44 000	2000	100	
2700~8000								140~7000	20 000	80~90	
2700~6000								250~9000	15 000	80~90	
3000~4000								1700~240 000	6000	80~90	
									—	—	
2700~6500								28~152	30 000	70~95	
2700~6500								250~18 000	30 000	70~95	
2700~6500								225~4000	30 000	70~95	

空间分类	空间名称	照明初步建议
室外与室内连接处	主入口	保障从室外到门口的动线上的照明，避免眩光
室外	室外庭院	保彰安全性步道照明
室外	室外平台、阳台	考虑功能性照明、氛围照明
室外	室外景观	室内与室外照度协调，可欣赏夜景
室外	室外池塘	安全性与欣赏夜景相结合
迎接空间	玄关	门厅光线充足，水平照明与垂直照明相结合
迎接空间（移动）	楼梯	安全性与隐蔽性照明，光环境衔接舒适
迎接空间（移动）	电梯间	安全性
迎接空间（移动）	通道	安全性，光环境衔接舒适
团聚空间	酒窖	严格控制光的角度及亮度
团聚空间	影视厅	多场景切换
团聚空间	健身房	模拟自然光，避免眩光
团聚空间	客厅	多种照明方式相结合，配合多种使用场景
团聚空间	餐厅	餐桌重点照明，照顾使用者与菜色，烘托气氛
操作空间	厨房	提升味觉，采用高显、高色温光，照顾操作位置，协餐厅与厨房的关系
操作空间	浴室	安全性与功能性照明相结合
操作空间	卫生间	避免洁具产生二次反射，考虑深夜使用的安全性，镜水平照明与垂直照明相结合
操作空间	汗蒸房	安全性与功能性照明相结合
操作空间	温泉	避免水面带来的二次反射，控制眩光，漫反射光为主明
操作空间	车库	安全性与功能性照明相结合
私人空间	儿童房	空间照度均匀，减轻眼睛疲劳，避免蓝光及频闪
私人空间	茶室	多种照明方式相结合，考虑氛围照明
私人空间	书房	照度充足，重点照明用于书桌区域，减轻眼睛疲劳，免蓝光及频闪
私人空间	更衣室	仿日光照明，减少阴影
私人空间	老人房	照度充足，禁止眩光，营造可变化的光环境，补充深灯光
私人空间	客卧	禁止眩光，营造可变化的光环境，补充深夜灯光
私人空间	主卧	禁止眩光，营造可变化的光环境，补充深夜灯光

照度（lx）															照明设备配合
2	5	10	20	30	50	75	100	150	200	300	500	750	1000	1500	
															高防护等级，感应开关，隐蔽安装
															低照度，高防护等级，感应开关，延时关闭系统
															室内灯具与室外家具可结合
															使用防护等级高的产品，智能控制
															使用防护等级高的产品，智能控制
															高显色性，防眩可调角中色温重点照明
															考虑使用小体积下照灯，增加感应踏步灯
															考虑使用小体积下照灯
															高显色性，防眩可调角中色温重点照明
															选择低发热光源，避免影响室内温度
															智能控制
															面光照明设备，智能控制
															智能控制生活场景照明模式
															智能控制生活场景照明模式
															智能控制操作场景照明模式
															高防护等级，维护方便，智能控制
															高防护等级，维护方便，智能控制
															高防护等级，维护方便，智能控制
															智能控制
															智能控制
															高品质灯具，智能控制
															智能控制
															智能控制
															高品质灯具，智能控制
															高品质灯具，智能控制
															高品质灯具，智能控制
															高品质灯具，智能控制

光源类别	原理	灯类	灯类说明	形式	泡壳/细分	说明	附加说明	图示 2000	3000	4000
热辐射光源		白炽灯	最常见的家用灯泡，体积较大	普通灯泡	透明泡壳					
					磨砂泡壳		外壳磨砂处理，遮盖高亮的灯丝，提升舒适性			
				球状灯泡	透明泡壳	缩小光源体积				
					磨砂泡壳					
				灯异泡型		可模拟火焰或其他各种形状，服配合装饰灯使用				
气体放电光源	利用气体在高电压下产生的放电现象研发的光源	卤钨灯	利用"卤钨循环"延长灯丝寿命，提高光效，一般为24V低压，体积小巧	卤单钨端灯		体积小、寿命长、光效高				
				带反射罩卤钨灯	镀膜反射罩玻璃的卤钨灯	光源发出的光有方向性，有覆盖角度	可以极大减少光线中红外线的比例，俗称"冷光杯"，也可以改变光色			
					金属反射罩的卤钨灯		体积较大，光束角可以窄到4°，但是光线中红外线比例较高，灯口感觉都很热			
				卤双钨端灯		为了增加灯丝长度而研发的光源，提高光通量				
		荧光灯	利用放电产生的紫外线激发荧光粉发光，寿命高、光效高、显色指数高、体积大	T5光直灯管						
				荧光紧凑灯型		体积较小				
		金卤灯	利用金属卤化物改变放电管的光谱，显色指数高							
场致发光光源	利用某种固体与电场相互作用而发光的现象	LED	发光二极管，光效高、体积微小、显色指数高、光谱可控	插件型封装（草帽型或子弹头形）（LED）		在照明领域已基本淘汰				
				SMD封装		体积小、发光均匀、功率小、多颗粒使用有重影				
				COB封装		功率大、体积稍大、无重影				
				大功率封装		功率大、体积小				

图 2.5.4 厨房照明实景

　　橱柜内部也必须增加大量的灯带，在柜门开启时同步开启灯带，照亮橱柜内部。这种照明方式虽然可以营造一个有氛围的厨房，但是灯具数量过多，会带来非常多的维护问题，在一个没有专业清洁和维护人员的房间中是不推荐使用的。

　　厨房区域的照度推荐值如表 2.5.3 所示。

表 2.5.3　厨房区域的照度推荐值

项目	水平照度（lx）			垂直照度（lx）		
	年龄			年龄		
	<25	25—65	>65	<25	25—65	>65
国家标准：一般活动	无要求	100	无要求	无要求	无要求	无要求
国家标准：操作台	无要求	150	无要求	无要求	无要求	无要求
一般活动	25	50	100	25	50	100
早餐区	100	200	400	25	50	100
炉灶	150	300	600	25	50	100
备餐区	250	500	1000	25	50	100
水槽	150	300	600	25	50	100
橱柜	—	—	—	25	50	100

根据不同的功能区域，我们给出了不同的照度推荐值，且远远超出国家标准。一般活动的照度值却又远远低于国家标准。需要注意的有以下两点。第一点，橱柜表面本身就是垂直面，所以只给出了垂直照度推荐值。第二点，所有垂直面的照度推荐值都是一样的，这就是我之前说的："厨房中最需要的照明，是均匀的、明亮的、没有阴影的、有重点的、高显色性的光环境。"

3. 怎样布光使化妆镜变成魔镜

在家居照明中，镜前照明可以说是非常容易被人遗忘的一角了，但它又是非常重要的，因为它关系到广大女士必不可少的一个日常行为——化妆，下面分两种情况来介绍。

第一种，整个镜前区域的照度不足。很多家庭盥洗室洗手台前都会放置镜子，在洗漱时利用镜子辅助我们清洁面部，这是常见的布局。但是多数人往往在盥洗室内使用非常暗的灯光，他们认为这是非常私密的区域，不希望将盥洗室照得非常亮。然而随着越来越多的女性习惯在盥洗室化妆，她们发现，昏暗的盥洗室垂直照明不足，在这种环境下眼妆、阴影区域、高光区域都会看不清楚（图2.5.5）。因此盥洗室照明分级设计非常有必要。基础照明可以较弱，比如天花板上可以设计一盏低功率的吸顶灯；镜前区域就有必要设计较高照度等级的灯具，比如镜子两侧高亮度的壁灯，或者镜子上方大功率的漫反射灯具（图2.5.6）。

图 2.5.5　垂直照明不足，盥洗室中面部表现　　图 2.5.6　垂直照明充足，盥洗室中面部表现

第二种，有一些设计师会在洗手台盆上方增设一盏窄角度的下照灯，认为这样就足以对镜前区域进行照明了。但这只是对洗手台盆照明的强化。在餐厅、酒店或会所设计中，由于洗手台盆极具艺术性和设计感，材质用料也非常讲究和昂贵，照明设计师会特殊强化洗手台的照明，让人们感受到非同一般的效果。然而日常生活中这种照明方式仅仅起到方便人们洗手或洗东西的作用，对面部照明反而会起反作用。和前面所讲的图 2.5.5 人物的位置相同，上方照射下来的强光会在面部产生过重的阴影，影响打底妆。而图 2.5.6 中的人物接受的是迎面而来的光线，脸部阴影非常小，且光线充足，非常方便化妆。

> **应用实例：** 与客厅、卧室相比，多数人认为盥洗室的灯具预算可以降低，然而恰恰是有化妆需求的盥洗室需要更高品质的灯具，尤其是对灯具显色性的要求更高。例如：在化派对妆的时候，对浓妆有要求的女士妆面的色彩会比较丰富，如果镜前灯具的显色性不足就会影响对色彩的判断，完成的妆面会很混乱。还有不少女士发现在化妆品专卖店中千挑万选的粉底，实际使用中会发白，这也是专卖店中光的品质有问题而引起的。

我们认为合适的镜前照明必须满足以下几个要求：

第一，能提供充足的垂直面照明；

第二，光源的显色指数达到 95 以上；

第三，最好可以调节色温，能提供符合场景的光色。例如：早上化妆的人多数会去户外或办公室，这时镜前照明色温可以调节为 4000 ~ 5000 K，这种色温符合户外和办公室的光环境；晚上化妆多为参加晚宴和聚会，镜前照明色温可以调节为 2700 ~ 3000 K，这种色温符合餐厅和酒店的光环境。

镜前照明的灯具安装位置可以总结为以下几种，但是各有利弊，我们来一一分析：

（1）最传统的也是最有效的镜前灯一般安放于镜子两侧，其长度与镜子的高度相当（图 2.5.7）。

这种镜前照明的方式可以将光线均匀地投射在面部的正前方，可以保证使用者的面部亮度均匀，没有阴影。也可以提供足够的光线照亮台面。但是灯具凸出于镜子表面，部分人难以接受。另外如果灯具设计不合格，灯具的表面亮度容易超标，也会产生眩光。

33

照明法则：镜前照明需要考虑两个方面：

1. 满足垂直面照明，显色指数达 95 以上，可调节色温；

2. 灯具安放的位置。

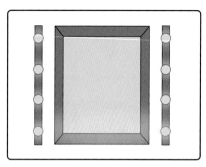
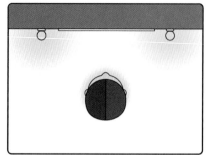

图 2.5.7　镜前灯安放于镜子两侧，其长度与镜子的高度相当

（2）在镜子两侧安装嵌入墙面的灯具。

这种照明方式就可以避免第一种方式的缺陷，不易产生眩光，灯具也不会凸出于墙面（图 2.5.8）。

这种照明手法后来有了进一步的发展，图 2.5.9 是现在常见的一种自带镜前灯的镜子，灯具暗藏于镜子的两侧，镜子表面没有任何凸起。这种照明方式由于采用成品的镜子，所以非常方便设计师设计。

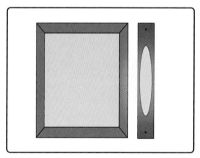
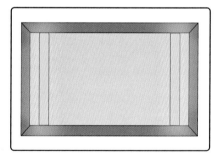

图 2.5.8　灯具嵌入式安装在镜子两侧　　图 2.5.9　自带镜前灯的镜子

但是这种照明手法与镜子的尺寸以及灯具的发光角度有着非常大的关系。如果两个发光带间距过大，或灯具的发光角度太小，光线其实并没有照射到人面部的正面，而是在人面部的两侧，如图 2.5.10。

因此，为了解决这种照明方式的缺陷，有些设计师会做出类似图 2.5.11 的妥协，将发光带的间距缩小。

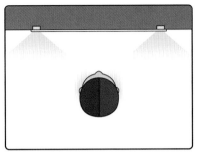

图 2.5.10　光线在人面部的两侧

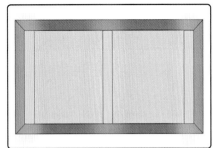

图 2.5.11　发光带的间距缩小后的镜前灯

　　这种照明方式还有一个变种，即如图 2.5.12 所示，但这种椭圆形的镜前灯也有这种问题，如果体积过大，光线也是无法照亮面部正面的。其实，这种照明方式最适合的镜子，还是那种小型的化妆镜（图 2.5.13）。这种镜子由于位置可以自由摆放，将灯具和镜子结合确实可以便利使用。另外由于这种镜子面积不大，发光环基本处于面部的正前方，所以可以更好地照亮面部（图 2.5.14）。

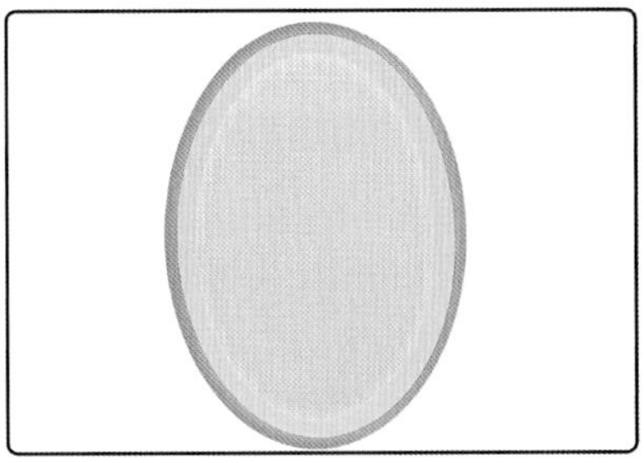

图 2.5.12　发光带为椭圆形的镜前灯

图 2.5.13　小型的化妆镜（图片来源：网络图片）

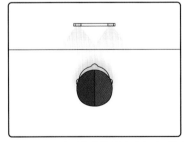

图 2.5.14　小型化妆镜的出光与人面部光的关系

（3）用装饰灯具替代专业的镜前灯（图2.5.15）。

这种照明方式其实并不专业，却很常见，因为大量的室内设计师对镜子两侧的灯具外形有着非常高的要求。这就要求照明设计师配合室内设计师在满足灯具外形要求的同时，也满足镜前照明的要求，估算人面部需要的照度，反推灯具的光通量，然后确定灯具的功率和光源类型。

但是就算满足了功率要求，也有可能无法照亮面部。有些设计师喜欢使用大体积的镜子来凸显气势（图2.5.16），这样就会使得镜前灯具的间距特别大，同样无法照亮面部的正面。

因此，如果你看到如图2.5.17的洗手间设计请不要惊讶，这是有经验的设计师才会采用的手法。

图2.5.15　镜子两侧安装装饰灯具已经成为部分　图2.5.16　体积超大的镜子
设计师的思维定式了

图2.5.17　为了保证照明效果，设计师特意设计了三个镜前灯，缩短灯具间距

（4）用间接照明作为镜前照明（图2.5.18、图2.5.19）。

这种照明方式由于突出强化了镜子周围的环境，所以也非常受设计师的欢迎，但是这种照明方式由于是间接照明，如果光源的光输出不够，那么光线在经过多次反射后，真正能够到达使用者面部的就非常少，效果也就不会特别好（图2.5.20）。

图2.5.18　灯具暗藏在镜子下端
（图片来源：云行设计）

图2.5.19　设计师的本意是希望下方的光线照亮洗手台盆的同时能够反射照亮人脸（图片来源：云行设计）

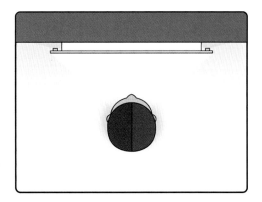

图2.5.20　用间接照明做镜前灯时出光与人面部光的关系

（5）镜子上方安装直接照明的灯具。

这种照明方式也是不错的，垂直面照度充足，洗手台照度也充足，尤其当下流行的现代风格的盥洗室会配有超宽的镜子，这时候两侧安装的镜前灯就不再适合，而镜子上方的镜前灯就有非常大的优势了，且来自上方的均匀光线也更符合自然光的照射方向。有些灯具还会集成各种电压的插座，是非常适用于商务酒店的产品（图2.5.21）。

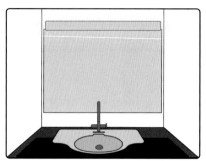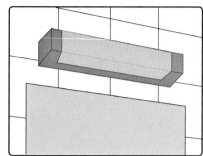

图 2.5.21　灯具明装在镜子上方

4. 书房中照明的格调

书房，是供家庭成员学习、阅读、工作的空间。现代许多家庭的书房相当于阅读室、家庭办公室或书斋。

书房陈设主要有桌子、椅子、灯（台灯、吊灯或落地灯）、书架、书籍等，设计师会根据室内空间的风格不同而选择不同的家具及陈设。从室内设计顾问的角度出发，多半会选择自然光较好的房间作为书房，人们在读书、工作之余，可以远眺缓解视觉疲劳。同时，有数据证明有窗的书房比起无窗的书房更能令使用者心情愉悦。

至于书房中的光环境，在白天，如需采取人工补光，要做到让使用者不易察觉，避免人工光带给人不舒适的感觉；在没有自然光的晚上，要做到用光均匀，避免产生疲劳感。

书房中家具材料的选择跟光的关系很紧密，一般陈设部分会选用较深的饰面装饰材料，但其实应该适当避免。在自然照明的情况下，直接进入室内的自然光会在室内的各个表面发生反射，这种内部的反射使得整个房间都明亮起来。浅色表面的反射系数要大于深色表面，它们传递的光更多。因此，光与建筑的相互作用会受所选择的材料的影响。因此光在空间中的整体效果也会受到材料反射率、透光率和散射率等特性的影响。其中最后一个特性决定了该材料是否能"把光分散"（例如石膏的粗糙表面可以形成更多的漫反射光）或者"引导光线"（例如玻璃的反射表面可以反射更多的直接光）。通过研究不同物体表面的性质，我们可用以确定房间的实际亮度情况。设计的基本原则是材料的反射系数越小，进入房间的自然光照度就越大。我们常常会对建筑材料的"吸光"程度感到震惊。比如，即使在满足照度的情况下，反射率低于 25% 的红砖墙面也会让房间显得很暗，或者看上去比反射率为 85% 的石膏板墙面的房间更不舒服。因此书房区域要避免大面积地使用深色，尤其是在靠近窗户的地方，因为它们会减少入射的自然光，与较浅的表面相交时还会形成眩光。

除了眩光之外，光线过多无疑也是问题之一。眩光限制了对亮度的需求。

照明设计师通常会考虑照度、照度分布以及在评估照明技术时整体的照明效果。除了照度之外，最重要的就是保证光线在房间中的均匀分布，但是整体的照明效果也非常重要，必须保证房间的所有表面都有足够的亮度，而且亮度的变化不能太大。

关于书房中灯具的挑选，是争论较多的一个问题，常看到的书房灯具布置有以下几种：

（1）书桌上放一盏具有装饰功能的台灯，或者书桌旁放置一盏具有装饰功能的落地灯。

（2）除了（1）中所提到的灯具，增加一盏吸顶灯用于基础照明。

（3）根据书房的布置梳理功能灯的位置，最后加一盏装饰灯来提升书房的格调。

在这几种方法中，第（3）种方法最合理。前文提到书房中的物品有很多，照书架的灯具，推荐使用洗墙灯，目的是提供均匀照亮书架的面光；照桌面的灯具，推荐使用窄角度下照灯，目的是提供任务面照明。同时，建议业主选择上下出光的落地灯，可以提升空间感，同时漫射光会为使用者提供更为舒适的光环境（图2.5.22）。

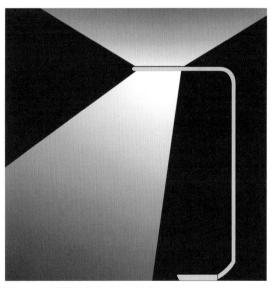

图 2.5.22　落地灯具上下出光示意

书房是不是需要加入照明控制系统？这是业主在设计之初就应同设计师沟通的内容。如果全屋的每个细分空间都做了智能控制系统，当然应当将书房部分并入其中。如果全屋不考虑控制系统，又希望书房的灯光有变化，应该怎么办呢？现在很多灯具都已经集成了光感应系统，可以自主地感知太阳光的强弱，从而调节书桌上的照度，使灯光始终处于一种舒适的状态，并将红外感应系统集成进来，灯具可以识别使用者的行动自动开启或关闭（图 2.5.23）。

图 2.5.23　自主感知太阳光的强弱，调节书桌上的照度（图片来源：Lite Matrix）

　　国家没有专门为书房制定照度标准，只有对阅读的书桌有一个 300 lx 的照度值标准。但是现在书房对照明有着更高的要求。现在书房的照明风格基本有以下两种。一种是明亮的现代照明风格。另一种是古典书房的风格，这种书房的风格，需要较暗的环境。这样会给人较私密的感觉，不需要那么高的照度。古典风格的书房照度参照表 2.5.4"书房"标准，现代风格的书房照度参照表 2.5.4 中"家庭办公室"标准。

表 2.5.4　书房的照度推荐值

项目	水平照度（lx）			垂直照度（lx）		
	年龄			年龄		
	<25	25—65	>65	<25	25—65	>65
书房	100	200	400	15	30	60
家庭办公室	200	400	800	37.5	75	150
书桌区域	200	400	800	37.5	75	150

5. 家居空间中的直接照明与间接照明

　　家居空间中，尽量多地使用间接照明，直接照明主要用来营造特殊的气氛，这是一个非常好的搭配。间接照明在家居中多表现为：天花板灯槽照明、洗墙灯槽照明、天花板照明、与室内结构结合的结构照明等。

灯槽照明，是常用的一种间接照明，根据照明目的不同，分为天花板灯槽照明和洗墙灯槽照明两种。

天花板灯槽照明： 早期灯槽内多安装 T5 光源的灯具，由于连接处经常会出现暗区，导致光线不连续；后期出现了防暗区的 T5 光源灯具，效果有明显改善；之后的阶段，为了凸显天花板上材料的优异，也会选用显色指数较高的氙气灯珠；现阶段，由于 LED 技术的发展与成熟，软制的 LED 灯带成为经济实用的选择。如图 2.5.24 所示的安装位置，会实现不同的照明效果。

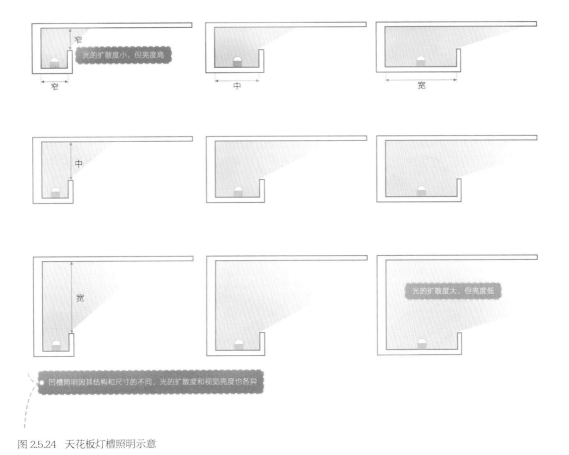

图 2.5.24　天花板灯槽照明示意

洗墙灯槽照明： 有直接光为主和间接光为主的区别（图 2.5.25），但是在窗帘盒内的灯槽照明建议以直接光为主。

要注意的是，在以直接光为主的灯槽中，灯带和灯槽的位置关系也决定着照明效果（图 2.5.26）。

灯具安装方式的变化

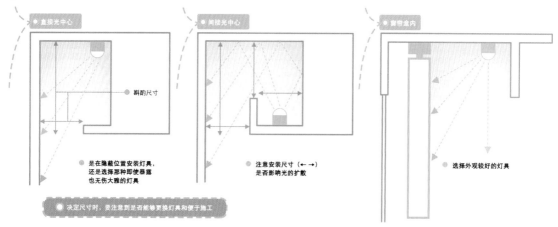

图 2.5.25　洗墙灯槽的灯具安装方式

照明边缘线

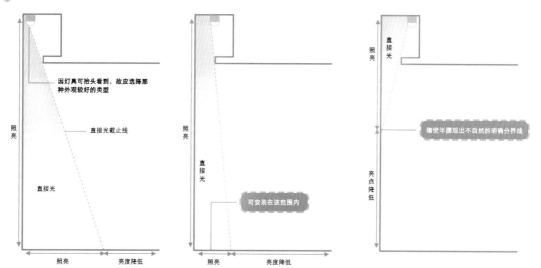

图 2.5.26　以直接光为主的灯槽中灯带和灯槽的位置

　　但是洗墙灯槽只能提供掠过墙面的光，而不能照亮墙上的装饰物，这也是初学者容易忽视的。通常如果照明目的是照亮墙面前的装饰品，应该选用专业的洗墙灯具。洗墙灯具可以提供垂直于墙面的光线，洗墙灯槽提供的是平行于墙面的光线（也有称"擦墙灯"），这两种光线的效果是截然不同的（图 2.5.27、图 2.5.28）。

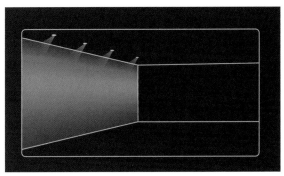

图 2.5.27 洗墙灯效果

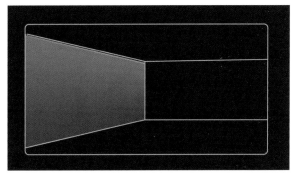

图 2.5.28 擦墙灯效果

提供这两种照明效果的灯具，也是完全不同的两款灯具（图 2.5.29、图 2.5.30）。

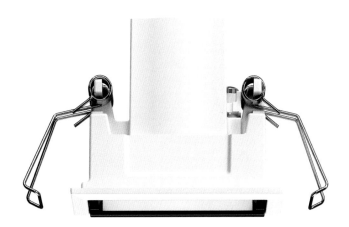

图 2.5.29 洗墙灯（图片来源：iGuzzini）

图 2.5.30 擦墙灯（图片来源：iGuzzini）

间接照明也可以暗藏在家具中（图 2.5.31）。有些成品家具厂家会根据自己产品的特点，将一些照明灯具集成在家具中；而定制固定家具的照明，通常家具厂家会在设计过程中，通过沟通得知客户对间接照明的需求，在生产时将这部分照明加入家具中。

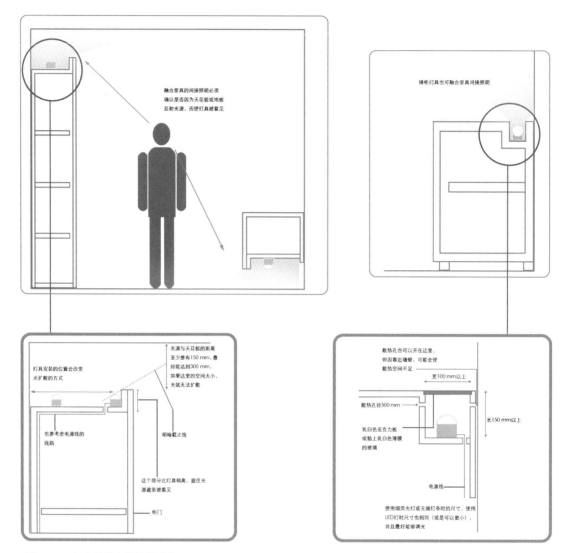

图 2.5.31　与家具结合的间接照明

灯具与家具的结合通常要注意两个问题：尺寸与散热。一方面，尺寸要非常精准，不仅要给灯具留有安装的位置，甚至有时还要让灯具嵌入家具内。另一方面，要考虑灯具正常工作中的散热及安全问题，容易被忽视的是为电源找一个安全而隐蔽的空间。

落地灯，也能为居家提供部分的间接照明。落地灯外形多样，容易装配、移动，是空间中提升气氛的重要角色。摆放落地灯具时通常与沙发组合（图 2.5.32 ~ 图 2.5.34）。

家居环境中的照明方式有很多，可选择的灯具类型也很多，避免走入误区，让家的舒适与温馨可以一直伴随在居家的每一刻时光中，与家人共同分享。

图 2.5.32 落地灯放在沙发前方
人很难放松下来，这是由人天生的趋光性决定的

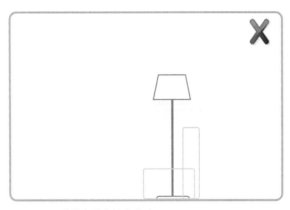

图 2.5.33 落地灯放在沙发旁边
人坐在沙发上，有一些角度要不可避免地直视光源，从而
产生眼睛的不适

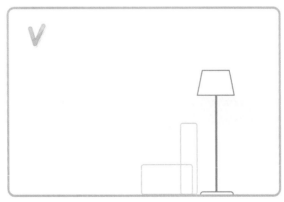

图 2.5.34 落地灯放在沙发后面
此种为正确的摆放方式，光从人的后方照过来，会增强人内
心的安全感，从而使人放松下来

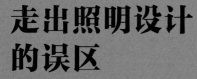

走出照明设计
的误区

我在几何中寻找，我疯狂般地寻找着各种色彩以及立方体、球体、圆柱休和金字塔形。棱柱的升高和彼此之间的平衡能够使正午的阳光透过立方体进入建筑表面，可以形成一种独特的韵律。在傍晚时分的彩虹也仿佛能够一直延续到清晨，当然，这种效果需要在事先的设计中使光与影充分地融合。我们不再是艺术家，而是深入这个时代的观察者。虽然我们过去的时代也是高贵、美好而富有价值的，但是我们应该一如既往地做到更好，那也是我的信仰。

——勒·柯布西耶

在工作中，我经常为业主或项目中的其他顾问方讲解大家平时对照明设计的种种误区。在这里总结了一些经常被提及的问题，予以集中回答。

问：高照度会有哪些问题？

答：高照度会造成眼部不适，尤其是照度在 3000 lx 以上的环境。23% 的人抱怨曾受到反射困扰。研究发现，大多数人喜欢 400～850 lx 的照度。日本针对东方人所做的相关研究发现，500 lx 为阅读、写字的最低下限；照度低于 500 lx，阅读时会很吃力。美国照明工程学会则建议，一般办公室作业面平均照度以 750 lx 为及格标准。

问：亮度比应该怎样控制？

答：被认知对象和周围环境之间的比值不能大于 3：1，被认知对象和较远环境之间的比值不能大于 10：1。在任何情况下，室内亮度的比值都不能超过 40：1。

问：为什么照明顾问推荐的产品那么贵？

答：在中国市场上，聘请照明顾问的项目并不多，多数项目的照明效果只需要亮就可以了，市场上流通的大多数灯具都是针对这种项目的，灯具成本极致压缩，只是提供了一个基本的照明而已，还谈不上光的品质。但是聘请了照明顾问的项目为了保证光的效果必然对灯具的品质有着很高的要求。这就造成了符合照明顾问要求的灯具必然工艺复杂，成本上升，贵也就是必然的了。

应该说，提出这个问题的人们消费理念还没有跟上时代潮流。他们虽然已经意识到了光的重要性，但是对于提供光的设备——灯具的价格的概念依然停留在 20 年前。他们心理上已经可以接受 200 万元的进口豪车和 4 万元的国产车的差价，但是还接受不了 100 元的灯具和 5000 元的灯具之间的差价，虽然都是 50 倍的差别。只能说对于提升照明品质理念的宣传工作我们还做得远远不够，还需要一直做下去。

问：为什么请了照明顾问项目反而推进得不顺利了？

答：因为聘请照明顾问的理想状态是在建筑或室内项目的概念阶段就介入，给主创设计师提供专业的咨询服务。

但是现在中国的项目时间压缩得都非常紧，项目负责人水平也是参差不齐，往往到项目的后期才发觉缺少一个照明顾问。但是照明顾问介入项目后往往会指出原设计中不合理的地方，需要修改建筑或室内的图纸，这又会遭到建筑设计师与室内设计师的抵制，毕竟人家这一阶段的工作已经结束了。这也是不少客户认为照明顾问是个"麻烦制造者"的原因。因此照明顾问往往选择和有这方面需求的建筑设计与室内设计捆绑签约，确实会减少麻烦。

问：智能灯控系统，越智能越好吗？

答：需要根据项目的需求确定，合适的才是最好的。之前有家餐厅就因为服务人员的高流动性和低学历，不得不将场景式控制面板更换为旋钮式的，方便培训。

问：空间中的所有灯具都是照明顾问的服务范围吗？

答：要根据合同确定，一般照明顾问的服务范围是不包含装饰灯的，装饰灯通常由软装设计师提供设计方案。但是如果你（照明顾问）有足够的装饰灯设计经验，客户也非常喜欢你的设计，他也会要求你负责设计装饰灯具。

问：室内落地窗越多，灯具的使用量就越少吗？

答：当然不是，平衡感是一个非常重要的设计因素，我们希望自然光与人工光在空间中能达到一种微妙的平衡。如果自然光过少，我们就会增大人工光进行平衡；如果自然光太多，我们就会利用窗帘、遮阳帘来限制自然光。因此室内落地窗的多少和灯具数量没有必然关系。

问：窄光束角的灯具适合用于什么空间？

答：空间中用何种光束角的灯具完全是根据需求来确定的，照明设计师切忌在设计中形成定式。不同的空间风格、不同的装饰风格、不同的客户喜好，直接决定了照明手法的不同。

3.1 用 LED 护眼灯来保护孩子的眼睛

家里的装修因主人喜好的改变而改变，一般家居重新装修的频率为 5 ~ 8 年，而软装的添新更是不断，可照明的更新却很少受到重视。

对于儿童房的照明更替中国的很多家庭是不会单独考虑的。针对儿童房的照明我们会在大的范围内区分为入学前与入学后。国际上公认的分界点为 7 岁。

入学前的小朋友，在房间的任何一个角落里都可以游戏、读书、玩电子设备、爬行或学习行走等，照明的安全性为最重要的因素。家有这个阶段的幼儿，应为空间提供均匀的亮度，照度范围控制在 100 ~ 200 lx 之间，辅以红外控制灯具，开关应当设置在儿童不易触碰的位置。同时辅以上照光，使天花板明亮。

初入学的小朋友，较难做到集中精力专心读书。小朋友多动、爱玩，很难专注于书本课业上，利用室内空间照明的调整，可以潜移默化地影响孩子的活动。光环境不再是均匀的，而是需要区分每个功能空间的亮度。书桌区域的亮度最高，应达到 300 lx，最好可以设置为可变化色温的光，在读书时，选择使用冷白光（4000 K），以达到集中注意力的效果；在非读书的时间，选择使用暖白光（2700 K），起到辅助提供室内空间照明的效果。

桌面的学习灯具如此重要，我们应当如何挑选呢？众多灯具厂家推出 LED 护眼灯，但是 LED 真的"护眼"吗？

◎照明贴士 挑选真正的护眼灯，我们需要考虑以下三个因素：频闪、蓝光、阴影。

1. 频闪

照明灯具的光闪烁，往往会影响人的工作效率。在研究闪烁对人们疲劳程度的影响时发现，可见闪烁造成的精神疲劳均很小；非可见闪烁却可以影响眼球的运动轨迹，影响阅读并导致视力下降。因此，在频率更高的闪烁光源下进行视觉相关作业会比在低频光源下表现得更好。

（1）频闪判定标准：电气和电子工程师协会于 2013 年 4 月发布《LED 照明闪烁对健康的潜在影响的草案》（Draft Risk Assessment-Potential health effects of flicker from LED lighting）IEEE PAR 1789：2013 中对频闪的判定标准如图 3.1.1 所示，图中无影响区域用绿色表示，低风险区域用橙色表示：

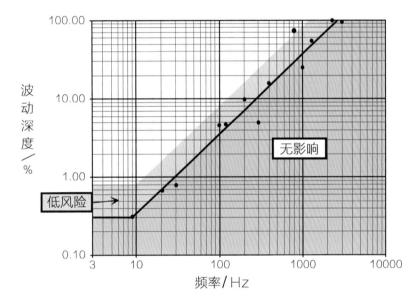

图 3.1.1　频闪的判定标准

该文件对无频闪的判定准则为：

① 频率低于 9 Hz，不可觉察波动深度限值为 0.288%；

② 频率在 9 ~ 3120 Hz 范围内，不可觉察波动深度限值为频率值乘以 0.032%；

③ 频率大于 3120 Hz，认为完全无频闪，免除考核。

光源频闪究其产生的原因，实质上就是光源发出的光随着时间推移呈现出一定频率的变化，在不同亮度、颜色之间随着时间变化而变化。

护眼灯厂家自称他们的灯具采用的 LED 光源是无频闪的，但是 LED 灯具的驱动如果没有合适的电子电路，光源就会产生频闪，输出光通量波动越大，频闪越严重（表 3.1.1）。

表 3.1.1　各种光源的频闪测试

光源种类	频闪比例	频闪指数
白炽灯	6.3	0.02
T12 荧光灯管	28.4	0.07
螺旋管紧凑型荧光灯	7.7	0.02
双 U 紧凑型荧光灯（电感镇流器）	37	0.11
双 U 紧凑型荧光灯（电子镇流器）	1.8	0
金卤灯	52	0.16
高压钠灯	95	0.3
直流 LED	2.8	0.003 7
重度频闪 LED	99	0.4

从表 3.1.1 中可见，直流 LED 频闪比例非常低，但某些 LED 频闪就非常严重，所以不是所有的 LED 灯具都是无频闪的。解决频闪问题的关键在于电源技术与驱动技术。如果用 LED 做护眼灯那就要采用两种方法：一是学习直管荧光灯，将 1 秒钟 100 次的闪烁，加速到每秒钟几万次；二是采用直流电源，将交流电改为无波动的直流电。

（2）频闪的危害：

① 引发光敏性癫痫或闪烁光诱导的癫痫；

② 造成视觉暂留效应；

③ 引发头痛、偏头痛、恶心、视觉紊乱等生理问题；

④ 造成用眼疲劳、视力下降。

2. 蓝光

蓝光危害和节律影响与 LED 照明光生物安全是最受关注的问题。蓝光危害定义为眼睛受到波长为 400 ~ 500 nm 的短波长光辐射引起的视网膜光化学伤害，波长为 400 ~ 500 nm 的短波长光辐射即蓝光如图 3.1.2 所示。

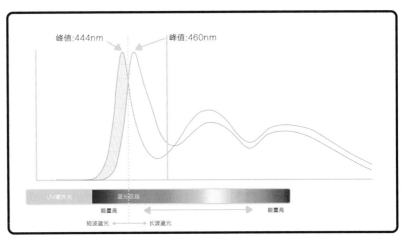

图 3.1.2 波长为 400 ~ 500 nm 的短波长光辐射，这就是蓝光

蓝光对人眼的危害主要表现在以下几个方面。

（1）损害视结构：有害蓝光具有极高能量，能够穿透晶状体直达视网膜，引起视网膜色素上皮细胞的萎缩甚至死亡。光敏感细胞的死亡将会导致视力下降甚至完全丧失，这种损坏是不可逆的。蓝光还会导致黄斑病变。人眼中的晶状体会吸收部分蓝光而渐渐混浊形成白内障，而大部分的蓝光会穿透晶状体，儿童晶状体尤为清澈，无法有效抵挡蓝光，从而更容易导致黄斑病变以及白内障。这也能解释为什么在睡前不要玩手机或者平板电脑，因为在黑暗的环境中，彩色显示屏中的蓝光，会更容易导致黄斑病变。

（2）造成视疲劳：由于蓝光的波长短，聚焦点并不是落在视网膜中心位置，而是落在离视网膜靠前一点的位置。要想看清楚，眼球会长时间处于紧张状态，引起视疲劳。长时间的视觉疲劳，可能导致人们近视加深、出现复视、阅读时易串行、注意力无法集中等症状，影响人们的学习与工作效率。

（3）不当的蓝光照射还可能造成人体昼夜节律紊乱。多项研究显示，在夜间接触明亮的蓝光会显著抑制褪黑激素的分泌、扰乱人体的生理节奏，使人难以入睡。这是因为感知外部光照刺激并传递信号给位于下丘脑内、作为大脑生物钟的视交叉上核（Supra-chiasmatic Nucleus，SCN）的 ipRGCs 神经节细胞对于 446 ~ 483 nm 蓝光波段最为敏感，因此蓝光辐射更容易影响人体的褪黑激素分泌水平，进而影响睡眠和情绪。自然界中，清晨相较于傍晚的自然光含有更多的蓝光，因而在早晨抑制褪黑激素分泌，唤醒人体；傍晚的光利于褪黑激素的分泌，入夜后整体照明处于极低的水平，进而保障了人体内部节律与外部太阳日的同步。然而，由于人工照明的出现，人工光中的蓝光会打乱这种正常的生理节奏。源于 LED 屏中的蓝光会造成睡眠质量不高甚至难以入睡。

蓝光是白色光的重要组成部分，所以在正常情况下滤掉蓝光的说法是片面的，按人的生理时辰节律选择光照成分和质量，才是正确的。传统光源中，蓝光所占比例不大，但白光 LED 的发光原理就是芯片发出蓝光，再利用蓝光激发荧光粉发出黄光，最后黄光、蓝光混合成白光。而这一发光原理导致其光谱能量分布中存在突出的蓝光波段波峰，与传统光源光谱相差较大（图 3.1.3、图 3.1.4）。因此，必须严格挑选 LED 芯片，才能避免产生更多的蓝光伤害。

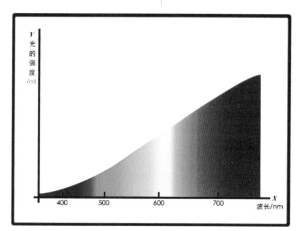

图 3.1.3　传统光源光谱　　　　　　　　　　　图 3.1.4　LED 光源光谱

不少政府机构或照明行业协会对 LED 所产生的蓝光危害与传统光源进行了比较研究。美国能源部发表的一份报告中使用视黑素通量函数 M λ 来评测视黑素通量，认为 LED 与传统白光光源虽然在光谱上有很大差异，但对视黑素通量的影响与光源类型并无关联，而与色温成强相关性。法国国家食品环境及劳动卫生署（ANSES）、欧洲光源公司联盟（ELC）、欧盟灯具制造商协会（CELMA）、全球照明协会（GLA）和欧洲照明 [前身为欧洲灯泡制造商联盟（ELC）和欧洲灯具协会（CELMA），后合并为"欧洲照明"，Lighting Europe] 等也都得到类似明确的结论：色温可以作为一个对光源蓝光危害和对褪黑激素分泌水平的影响进行有效评估的参数，在相同的色温与照度下，白光 LED 对人体并不产生更加严重的蓝光危害。复旦大学刘婕等则利用成像亮度计来测试光源蓝光危害，通过光源的光谱和最大亮度分别计算光源的蓝光危害效率以及蓝光安全亮度和照度上限。实验结果表明：对于色温低于 6500 K 的光源，只要其亮度不超过 100 cd/m^2，或照度不超过 1000 lx，蓝光就是安全的。基于基础研究且出于安全考虑，美国和加拿大地区已开始对室内照明色温进行限制。

为了避免因使用高色温、富蓝光的 LED 照明产品而对人体健康可能产生的不利影响，一般室内灯具色温应控制在 4000 K 以下，办公空间则建议为 4000 ~ 5000 K，且须避免直视光线。一般显色指数应达到 80 以上。

3. 阴影

目前市场上的 LED 护眼灯，光源由多个发光点组成，光学部分由透镜承担，但在这种光源下，如果长时间在多重阴影的环境中进行视作业，容易引起眼睛疲劳（图 3.1.5 ）。

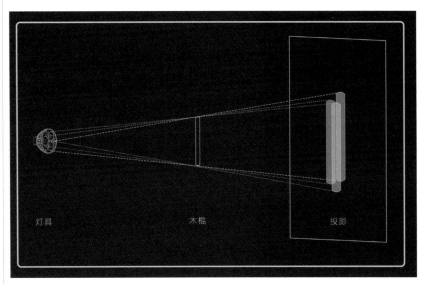

图 3.1.5　光源由多个发光点组成的护眼灯容易产生阴影

2018 年 7 月的 Vision China（视觉健康创新发展国际论坛）上，有一位教授讲道：自人类发明电和电灯以来，我们多少人每天使用着人工照明，眼睛怎样得以保护呢？而针对护眼灯，普通的台灯只要加上"护眼"两个字，价格立刻可以提升几倍，一些护眼灯的包装和说明书上写着"可与自然光媲美""无频闪""不炫目"等字样，实际上是否能做到呢？可见很多是做不到的。其实，选择合格的护眼灯更需关注以下几方面：一、国家要求护眼灯的显色指数为 82，但实际上高于 90 才更合适；二、无频闪，如上文所述，高品质的 LED 芯片可以基本解决这个问题；三、减少高频蓝光；四、色温选择 4000 K 左右，眼睛舒适度最佳；五、不要直接看到光源，选择在光源表面有滤光板的灯具。

综上所述，基于高品质的 LED 芯片，可以研发出合格的 LED 护眼灯。但并不是所有的 LED 灯具都可以护眼。

3.2
用装饰灯具来替代功能灯具

欧洲城堡中议事大厅上方的巨大蜡烛吊灯和走道墙上的火把以及书桌上的烛台应该就是现代照明灯具的祖先了。随着爱迪生将白炽灯泡推进千家万户，吊灯上的蜡烛、墙上的火把和烛台也被灯泡替换，从而诞生了吊灯、壁灯和台灯三种最初的灯具形式（图3.2.1～图3.2.3），后来又衍生出了落地灯。

图 3.2.1　台灯最初的灯具形式

图 3.2.2　吊灯最初的灯具形式

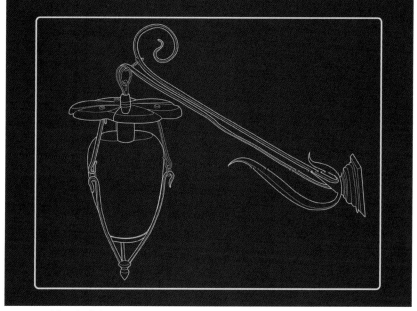

图 3.2.3　壁灯最初的灯具形式

上面三幅图为最初的台灯、吊灯和壁灯的形式，可以看出基本就是将使用蜡烛的灯具换了一个通电的灯座。伴随着19世纪末20世纪初科学技术的进步、建筑理念的革新、装饰艺术的发展，灯具的形式也越来越丰富多彩。但是这四种灯具（吊灯、壁灯、台灯、落地灯）仍然是主要的照明形式。这种照明形式已经成为那个时代的特征。现在众多设计师会在方案中设计老式的吊灯和壁灯来突出房间的复古风格就是这个原因。

随着以勒·柯布西耶和密斯·凡·德·罗为代表的现代建筑派设计师的崛起，20世纪三四十年代众多有着吊顶天花板的项目开始施工，新的照明手法也逐渐浮现出来。20世纪50年代的嵌入式照明是新照明方式的代表（图3.2.4）。

图 3.2.4　嵌入式灯具

如图3.2.4嵌入式灯具可以将灯具主体隐藏于吊顶天花板的上方，利用内置的反射器可以将光线控制在一定的范围内（这里的光线拥有了自己的角度——光束角），人们必须抬头才能在天花板表面看见灯具的开口部分。

整个室内空间安装嵌入式灯具后，灯具位置不明显，灯具也不明显，整体设计方案非常简洁，而且可以控制的光线使得空间内的亮暗变化也可以控制了。嵌入式灯具由于迎合了现代建筑派设计师"Less is more"（少即是多）的设计理念，而在20世纪五六十年代十分风靡。

嵌入式下照灯具可以解决全部问题吗？当然不可以。吊灯等四种灯具仍然会在空间中出现，因为习惯的力量是十分强大的，人们已经习惯了这种照明方式。虽然新的照明灯具更简单、高效，也更美观，但是人们仍然会采用传统的照明方式，这样更符合大众的习惯。于是，灯具的分类出现了一次巨大的变化：传统的吊灯、壁灯、台灯和落地灯作为装饰性存在被归为了装饰灯具，而新的嵌入式灯具以及同样功能强大的轨道灯具和一些明装灯具（同样具有光束角）被归为了功能灯具。这两种灯具对应的照明种类也被定义为装饰照明和功能照明。装饰照明的特点就是灯具美观，但是光线不可控，人如果要获得足够的照明就必须靠近灯具才行。功能照明具有灯具隐藏、光线可控的特性，只要预先设计就可以在房间的任何位置达到足够的光线照明。

我们以餐厅为例，如果空间中仅有装饰照明，比如室内设计师或软装顾问通常为了突出空间的复古风格，在餐厅里只设计了一盏装饰吊灯，那么空间中最亮的就只有装饰灯了，然后次亮的是最靠近装饰灯的天花板和墙壁，接下来才是餐桌和壁柜等家具。人进入这个空间就会因为明暗不合理而感到不舒服。由于功能灯具是最亮的，装饰灯具在注重装饰性的同时，不会考虑太多光学上的问题，因此很可能成为这个空间的曝光点，人眼不愿直视，它便失去了装饰灯具的意义（图 3.2.5）。

图 3.2.5　空间中仅有装饰照明示意

在餐厅用餐的时候，用餐者希望看清的是餐桌上的食物以及用餐人的面部表情，这样才可以满足人们饮食和沟通的欲望。由此我们了解到餐厅中的亮度等级为：桌面是最亮的，用餐人的面部次之，接下来是周围的家具和墙面，如果墙上或天花板上有特殊装饰品，那也是需要照亮的（图 3.2.6），这时就必须补充功能灯具才可以满足要求。

图 3.2.6　空间中装饰照明与功能照明相结合示意

36

照明法则：装饰灯与功能灯正确的配合方式应该是，装饰灯仅以装饰性为主，空间中主要的光由功能灯提供。

　　装饰灯发出的光不用太强，以人眼可以直视为标准，这样才能起到装饰的效果。利用功能灯控制房间中重点照明和基本照明的亮度比，这两种灯具的配合才能既符合室内设计师需要的装饰风格又满足照明设计需要的光线分布。

　　设计顾问经常会在游历的过程中，获得更多的设计灵感、吸收更多的设计知识。如我在现代欧美室内设计案例实地考察中发现，有一部分室内空间居然仅使用装饰灯照明效果也非常好。这里需要特别注意，这些案例中的装饰灯只有以下两种可能。第一种是这是一个老建筑，在几十年的使用过程中逐步尝试、替换、调整装饰灯的式样、功率和位置，然后才能呈现出完美的照明效果。这种效果除非是 1 ∶ 1 复制，否则任何对空间尺度、装饰材料、灯具位置大小的改变都会影响照明效果。第二种是这个项目的装饰灯由专业的装饰灯产品设计师精心设计过，再由设计师精心挑选，才可以在空间中呈现完美的照明效果。

　　当设计师确定这个空间只能使用装饰灯进行照明时，会首先确定各个立面所需的照度，比如桌面的照度、立式家具表面的照度、地面的照度等；然后反推需要多少流明的光、装饰灯具的数量、灯具的表面亮度限制、灯具的安装高度；再确定每个灯具的透光材质、光源功率和数量、体积（注意这些项目中灯具的体积不完全由软装设计师决定，照明设计师的意见也非常关键）等参数；最后由厂家按要求完成深化设计和产品生产，中间还必须保持和室内设计师、软装设计师、照明设计师的沟通。这个过程之复杂远超那些装饰照明和功能照明配合的项目。

3.3
间接照明一定要优于直接照明吗

先给直接照明和间接照明下个定义。

直接照明：光由灯具发出直接到达被照物体（墙上的壁画、桌面、地面、柜子上的装饰品等）的照明方式。基本上所有的嵌入式下照灯、轨道射灯、明装的条形灯具都属于这种照明方式（图 3.3.1）。

间接照明：光由灯具发出后并不直接照射到物体上，而由墙面、天花板、反射板反射后再照射到物体的照明方式。常见的间接照明有：灯槽、柜子里暗藏的灯条、上出光的吊灯、上出光的壁灯、照亮的白墙等（图 3.3.2）。

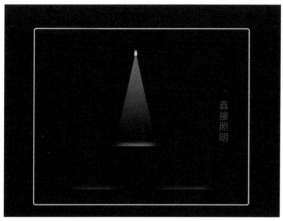

图 3.3.1　直接照明示意

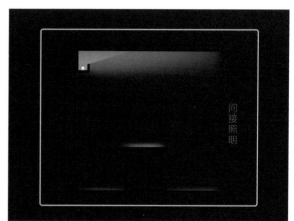

图 3.3.2　间接照明示意

你也许在相当多的客户那里听到过："我要这个空间见光不见灯！"现代社会对照明的描述中最著名的就是"见光不见灯"，这往往是各类业主以及非照明专业的设计师最先了解到的一个照明"知识点"，也是他们在各类设计任务书、设计交底会中经常提出的要求，其实这个要求很片面。

间接照明的方法，基于"见光不见灯"的理论，灯光不直接投射于物体或地面意味着灯具可以隐藏于天花板结构中，但并不绝对。也是这个"不见灯"的要求，使得众多设计师的方案中出现了各种暗藏灯带的方式：天花板灯槽、墙壁灯槽、家具中暗藏的灯槽、地面灯槽等。众多的灯具厂家也开始研发各种专业灯槽的配套型材（图 3.3.3 ~图 3.3.8），而实际的应用率恐怕低得让厂家叫苦连天。

各种发光灯槽提供了各种间接照明的效果，但是这真的是好的以及业主真正想要的效果吗？仔细分析一下：空间是按图纸分隔的，装饰材料也完全按照设计购买和施工，家具也是按设计要求买的。该有的灯槽都有了，该放的装饰品也放了，怎么就不对劲呢？这是因为空间的亮度比例出现了问题，换句话说就是缺少直接照明。

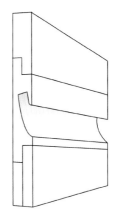

图 3.3.3　地面灯槽效果示意与配套型材　　图 3.3.4　地面灯槽的配套型材

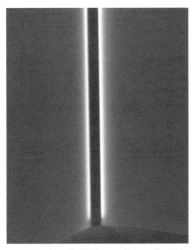

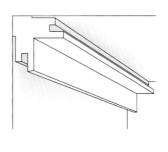

图 3.3.5　墙面灯槽效果示意与配套型材　　图 3.3.6　墙面灯槽的配套型材

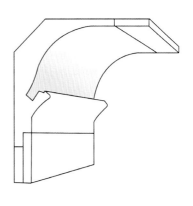

图 3.3.7　天花板灯槽效果示意与配套型材　　图 3.3.8　天花板灯槽的配套型材

前文中曾提到，如果在空间中希望突出某个物体，我们会给它 3 倍于基础照明的光，即照度值为基础照度值的 3 倍（图 3.3.9）。

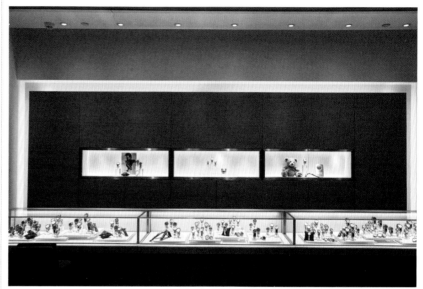

图 3.3.9　照度值为基础照度值的 3 倍示意

人基于趋光的本能，在室内空间中会不自觉地去看相对明亮的物体。也就是说，空间中最为明亮的位置会自然地成为视觉中心，被人眼捕捉。由此，照明设计师要做的工作就是将室内设计师的设计重点设计为高亮区域，比如：设计精巧、材质昂贵的家具，墙上的精美艺术品，带有梦幻花纹的地砖等。如果采用间接照明，那么充当一次反射面（灯具发出的光在这个面上进行第一次反射）的天花板或者墙面就是最亮的位置。距离一次反射面越远的物体就越暗（图 3.3.10），这样我们需要的高亮区域根本得不到足够的光线，区域不够亮则整个空间的亮度比例自然就会有问题。因此，间接照明在一个需要高对比度的空间中是需要谨慎使用的照明手法。

高亮区域需要采用直接照明的手法，各种嵌入式下照灯、轨道射灯、明装射灯就是在这种情况下使用的。直接照明的特点就是可以将光线控制在一定的范围内，需要照射的范围大就采用光束角大的灯具，需要照射的范围小就采用光束角小的灯具。如果希望在高亮区域进一步细分亮度等级，那么可以采用控制系统对单个灯具进行亮度控制。

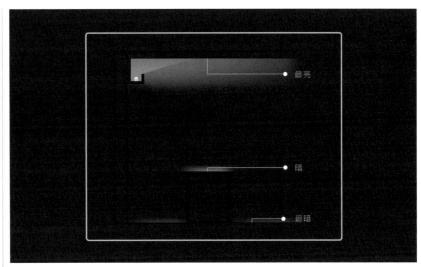

图 3.3.10 距离一次反射面越远的物体就越暗

那么,间接照明适合在什么情况下使用呢?间接照明的优势除了隐藏灯具之外,其实最大的作用是提供漫射光。漫射光是光线在空间中各个反射面上进行多次反射后呈现的状态(图 3.3.11)。

图 3.3.11 仿天光漫射照明
漫射光在空间中进行多次反射后呈现均匀照亮的状态

177

37

照明法则：一个空间往往既需要直接照明也需要间接照明，于是照明设计真正能体现个性的时机出现了，通过这两种照明方式的调配，设计师可以决定空间光的氛围。

空间中的漫射光是没有方向的。假设你进入一个充满漫射光的空间，各个方向都会有漫射光射向你，也就是说一个充满漫射光的空间是没有影子的。光和影都是需要照明顾问考虑的问题。

直射光会产生影子，漫射光会将影子藏起来。什么时候采用间接照明呢？答案是：不需要影子的空间就是适合采用间接照明的空间。常见的室内空间如操作加工空间，工人是非常不希望在操作台上出现阴影的。还有办公空间、会议室或很多公共空间，这些需要看清人面部表情的场合，都适合采用间接照明。

如果需要光影效果突出、明暗对比强烈的空间，就选择直接照明，它可以提供直接光；如果需要一个柔和、照度均匀、对比不强烈的空间，就选择间接照明，它可以提供漫射光。或者你也可以将直接光和漫射光做一个比例分配，营造一个相对舒适的环境（图 3.3.12 ~图 3.3.14）

图 3.3.12　直接照明为主的空间，桌面照度 500 lx

图 3.3.13　间接照明为主的空间，桌面照度 500 lx

图 3.3.14　直接照明与间接照明在空间中的配比为 1：1，桌面照度 500 lx

　　直接照明和间接照明的关系就好比是太阳光与天光的关系。空间中如果只有直接照明则好比夏日的正午，光线炽热且强烈，如果只有间接照明则好比布满厚云的午后，光线柔和而沉闷。也许此时我们希望的场景正如草原山丘上雨后初现的太阳，光线明亮、不刺眼，天空柔和、不阴暗（图 3.3.15）。又或许我们希望的场景如夕阳照射下的荒丘，光影交错，让人着迷（图 3.3.16）。实现这一切需要室内设计师和照明设计师进行一次次的图纸讨论和思维碰撞。

图 3.3.15　天空柔和、不阴暗

图 3.3.16　光影交错

　　回到最开始的问题，"见光不见灯"这个要求正确吗？当然没有照明设计师会说它错误。那么这个要求能做到吗？就像艺术作品中我们经常听到的一个评语——雅俗共赏一样，我想每个艺术家对于这个要求不能说它错吧，但是哪个作品又真正做到了完完全全的"雅俗共赏"了呢？千万个艺术家能做的只是一定程度上的"雅俗共赏"罢了。

　　照明设计也一样。照明效果完美，且完全"见光不见灯"的效果也是不存在的。照明设计师只能做到某种程度上的"见光不见灯"。上文中我们说到好的光环境缺不了直接照明的部分，如果需要直接照明就必须在天花板上安装灯具。不管是嵌入式的还是明装的灯具都不可能不被人看见。设计师要做的是让灯具在场景中不易被注意到，而不是真的看不到灯具（图 3.3.17、图 3.3.18）。

图 3.3.17　表面安装的天花板灯具提供的照明效果

图 3.3.18 吊装的灯具提供的带有间接照明的效果

这两张图中，图 3.3.17 的灯具就非常明显，而图 3.3.18 中的灯具其实就安装于天花板上，但是视觉上并不引人注意，这就是品质好的灯具配光精准带来的好处了。灯具所有的光线基本都投射在需要的地方，进入人眼的逸散光线比天花板或墙面反射到人眼的光线还少，人眼自然就会觉得灯具比天花板、墙面还要暗。顶级的灯具甚至可以做到逸散光线为 0，也就是说在灯具的照射范围外观察灯具，灯具开启时和关闭时是一样的。这也就是黑光技术（Dark Light）（图 3.3.19）。

"见光不见灯"就像物理学中的"绝对零度"、神话传说中的"巴比伦塔"、现代建筑中的"牛顿纪念馆"一样，虽然无法完全达到，但是我们正尽力无限接近中。

图 3.3.19 黑光技术反射器（图片来源：WAC Lighting）

3.4
灯具只有用到
不亮了才更换

自从照明设计进入中国,大家都为照明设计师完成的一个个光彩夺目的项目所震惊。但是随着时间的推移,大家发现有些项目十几年后耀眼依旧,有些项目三五年后就变得暗淡无光,甚至有些项目一两年就变得斑驳没落。是设计出了问题吗?照明效果不稳定是有很多原因的,一两年就变得昏暗的项目基本是使用了不符合照明顾问要求的灯具。为什么业主会选择不符合设计要求的灯具呢?因为它们够便宜。

业主有时会问:"灯具的亮度不是和光源的种类以及功率有关系吗?怎么又涉及价格了呢?"灯具的亮度不是一成不变的,在使用过程中会缓慢下降,而灯具的价格会影响灯具各方面的表现,尤其在 LED 时代,劣质的灯具通过极端的手段,让灯具在短时间内达到高亮度,一段时间之后灯光亮度就会迅速衰减。

这里有个术语叫作灯具的"光衰"。光衰就是灯具在使用过程中输出的光通量会逐渐下降的现象。其基本原因就是光源随着点亮时间的增加逐渐老化,光输出随之下降。

图 3.4.1 为某款灯具点亮 6000 小时中测试的光输出曲线,注意红线就是实际测试的光输出,随着时间的推移,光输出渐渐降低,至 6000 小时的时候基本降低到最初的 95%。

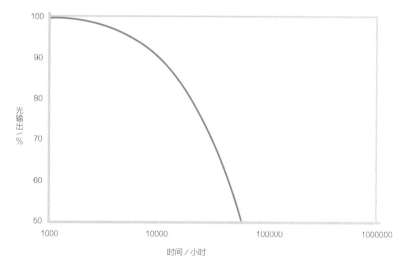

图 3.4.1 光衰示意

便宜、劣质灯具的衰减曲线和优质灯具的相差悬殊。

举个例子,现在的项目中使用的基本都是 LED 光源,LED 光源的光衰和芯片温度的关系非常大(图 3.4.2)。

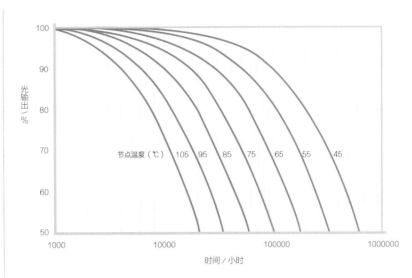

图 3.4.2　LED 光源的光衰和芯片温度的关系

可以看到，节点温度 75 ℃的 LED 芯片在点亮 20 000 小时后，大约衰减到初始光通量的 90%。但是同时节点温度 105 ℃的 LED 芯片已经衰减到初始光通量的 50% 了。而想要降低 LED 的节点温度就必须增加灯具的散热结构和采用散热性更好的灯体材质，也就是增加灯具的制造成本。

前文提到的一两年就光衰得暗淡无光的项目，基本上就是因为使用了便宜的灯具。便宜的灯具光衰大，而较贵的灯具光衰小。现在有些灯具已经开始用"（lm·h）/元"来计算灯具的价格了。也就是花了 1 元钱能得到多长时间、多少光通量的照明。这似乎是一种更科学的计算灯具价格的方式，毕竟我们买灯的主要目的不是来观赏的，我们买的是"光"。

那些三五年后灯具变得暗淡的项目是不是也由于光衰呢？可以说是由灯具光衰引起的。通常是由于业主控制预算，要求灯具厂家提供的替换产品，所以灯具才会在几年后出现昏暗的现象。大多数管理者这个时候会建议重新装修，他们的管理经验是，三年左右的时间一般装饰材料都开始老化，显得陈旧了，需要全部更新、重新装修才可以恢复。此种情况下，专业照明设计师会建议先更换灯具（光源），将照度值恢复到最初的水平，再将比较明显的污损部位修补一下，就可以达到全新的效果。

那么回到本节的标题，灯具什么时候需要更换呢？

先明确一个概念："光源的寿命"。这个概念大家并不陌生，但是其实绝大多数的人对它的理解都是错误的。一般人理解的光源的寿命指的是光源从最初点亮开始一直到它损坏熄灭（再也不能点亮了）的时间。

其实，光源的寿命分两个阶段：

38

照明法则：照明设计师在选择灯具时，权衡灯具的使用寿命和采购成本也是职责之一，通常灯具厂家仅提供一年质保期，部分有实力的厂家可提供三年质保期。灯具的散热能力就是他们的信心来源。

第一个阶段是白炽灯盛行阶段。这个阶段描述光源寿命的术语叫作"平均寿命"：取一组光源作为试样，从一同点燃起到50%的光源试样损坏为止的累计点燃时间的平均值就是该组光源的平均寿命。这是一个统计数值，那个年代如果灯泡的平均寿命是500小时，那么随机一个灯泡的点燃时间可能是1000小时，也有可能点300小时就灭了。

第二个阶段是荧光灯、金卤灯的时代，包括现在的LED时代。这个阶段描述光源寿命的术语叫作"有效寿命"：光源从点燃起一直到光通量衰减为额定值的某一百分数（一般取70%～80%）所累计点燃的小时数就称为光源的有效寿命。

为什么会有有效寿命这个概念呢？因为有些光源（如荧光灯）的光通量在其全寿命中衰减相当显著，当光源的光通量衰减到一定程度时，虽然光源尚未损坏，但它的光效明显下降，继续使用极不经济。换句话说，就是有些光源使用时间长了可能一直都亮着，但是已经没有什么光输出了，光衰太大，光通量下降太多，再继续使用这种光源根本无法达到照度标准，必须更换。现在使用LED灯具照明的项目，如果LED灯具的光输出下降到70%就可以认为光源已经达到寿命了，必须更换光源（如果光源与灯具一体化就更换灯具）。在一些重要区域灯具光衰达到80%就可以考虑更换灯具了。

也许有人会从经济、节俭的角度考虑，认为达到70%的光衰就更换灯具太浪费了，但事实上这个理解是错误的，原因有以下三点。第一，照明的目的是服务使用者，无论是照亮工作区域还是照亮装饰品，如果光线衰减过大，就无法保证最初的照明效果。达不到效果的照明就可以认为是错误的照明，必须更换。第二，相对于昂贵的装饰材料，灯具的成本一般仅为1%～3%，花费3%重新更换灯具要比重新装修划算得多。第三，现在LED灯具的有效寿命已经相当长了（30 000小时），在这段时间内，不光是光衰问题，其他诸如色温飘移、透镜老化、驱动老化的问题也会非常严重。若在需要更换时统一更换，也可以节省很多人工成本。

39

照明法则：灯具更换的正确时间是在点亮时间达到标准的有效寿命时间时，不论灯具的衰减状态如何，根据空间划分，统一更换。

3.5 灯具布满天花板，还是觉得暗

灯具布满天花板的案例并不少见，很多中式餐厅散座区的天花板上，"有规律"地密布着不少下照灯具，有些色温统一，有些冷暖色温混用。但多数的餐厅经营者都会告诉我们，感觉餐厅还是"暗"（这种暗主要是指桌面暗，体现不出菜的特色），表示要再增加灯具。我们在看了现场之后一般都会告诉经营者："再加灯具也没用。"

这种空间中的"暗"一般有以下两种情况。第一种情况是真的暗：我们知道灯具是提供光线的设备，通俗地说衡量灯具的一个标准是灯具能将多少光投射到需要被照亮的物体上。如果要照亮桌面，那桌面上的光多，桌子就会够亮。好的灯具可以将 80%～90% 的光线投射到桌面上。但遗憾的是，现在市场上的很多劣质灯具只能将 10%～20% 的光线投射到桌面上，其他光线就浪费在墙面、地面上，甚至消散在空间中。这种情况下即使将安装的灯具数量翻倍也是无济于事的（图 3.5.1、图 3.5.2）。第二种情况却是有趣的。如果用照度计测试桌面照度，照度是足够的，但是人在那个空间中确实觉得桌面昏暗，不仅对于桌面，而且对于家具、墙面都会觉得昏暗。要解释这个问题必须先了解人眼的基本构造（图3.5.3）。

图 3.5.1　80%～90% 的光线投射到桌面

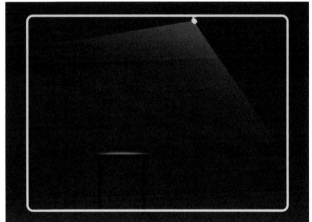

图 3.5.2　10%～20% 的光线投射到桌面

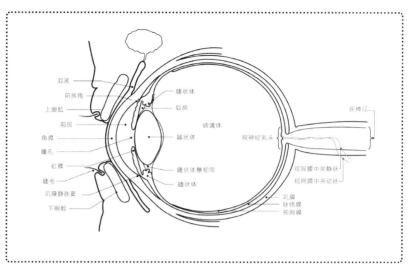

图 3.5.3 　人眼的基本构造

补充说明： 人眼的中间有一个瞳孔，是人眼内虹膜中心的小圆孔，为光线进入眼睛的通道。虹膜上瞳孔括约肌的收缩可以使瞳孔缩小、瞳孔开大肌的收缩使瞳孔散大，瞳孔的开大与缩小控制着进入瞳孔的光量。

决定人眼看到什么影像的是视网膜，光线通过瞳孔进入眼球后会在视网膜上形成影像。如果瞳孔收缩进入的光线少了，投影在视网膜上的影像就会暗，人就会感觉暗，反之人就会感觉亮。那么瞳孔什么时候收缩、什么时候放大呢？这就要看进入人眼的总光通量。瞳孔就像照相机里的光圈一样，可以随光线的强弱而缩小或变大。我们都知道在照相的时候，光线强烈的时候把光圈开小一点，光线暗时则把光圈开大一点，始终让足够的光线通过光圈进入相机，并使底片曝光，但又不让过强的光线损坏底片。瞳孔也具有这样的功能，只不过它对光线强弱的适应是自动完成的。通过瞳孔的调节，始终保持适量的光线进入眼睛，使落在视网膜上的物体既形象清晰，而又不会有过量的光线灼伤视网膜。因此在正常情况下对比我们觉得足够亮的物体，当有一个更亮的物体出现在我们的视野内时，就会引起瞳孔收缩，原来亮的物体自然就变暗了（图 3.5.4、图 3.5.5）。

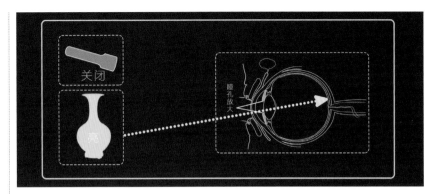

图 3.5.4 暗视觉
没有其他光源干扰，瞳孔处于放大状态，物体的反射光大量投射在视网膜上，大脑就觉得物体亮

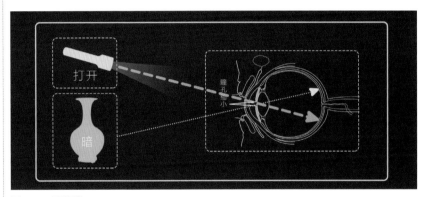

图 3.5.5 明视觉
在附近光源的干扰下，瞳孔处于缩小状态，物体的反射光只有少量投射在视网膜上，大脑就觉得物体暗

照明设计师可以合理分配空间中的亮度比，由于亮度是物体表面的反射系数和照度二者的函数，所以设计师可以同时调整这两个因素，来达到控制光的亮度比的目的。眼睛对视觉中心区域的亮度比最为敏感，而对外围视觉边缘地区的亮度比较迟钝。因此，令人满意的亮度比取决于被干预的视觉中心这部分区域的情况。在诸如办公室这样的地方，为了达到所要求的良好的视觉性能，可以参考表 3.5.1 中所示的限度范围。

表 3.5.1　亮度比值参考

亮度比	亮度对比的区域	事例
3：1	需要看清的工作对象与直接的背景	书本与桌面
5：1	需要看清的工作对象与一般的背景	书本与它相邻近的部分
10：1	需要看清的工作对象与较远的背景	书本与远处的墙壁
20：1	光源与相邻的较大区域	窗户与邻近的墙壁

补充说明： 人眼所识别的是亮度比，而不是绝对亮度。关于"亮度比"的问题，一本出自美国的建筑书籍上有一句对照明设计师的定义："照明设计师，他们通过控制视野以内的光的亮度比，来避免引发视疲劳的因素。"其实也不难看出，控制亮度比是照明设计师工作的重点。

接下来，我们来解释"亮度比"。举个例子，我们看一下图 3.5.6 所示商业街道的这张照片，调焦后的照相机正确地显示了街道的情形，商铺内空间由于光线太暗，看不清楚。而在图 3.5.7 中，我们看到调焦后的照相机正确地显示了商铺的情形，然而街道光线太亮，细节完全看不清楚。这是由于街道和商铺的亮度比差异过大造成的，照相机不可能克服这一缺点。人眼通过调节瞳孔可以适应这个亮度变化，但是如果我们的眼睛不停地在两个亮度差异极大的区域之间看来看去，眼睛不停地重新调整，会非常疲劳。图 3.5.8 所示是正确的亮度比关系，可以同时兼顾建筑与室内空间的亮度关系。回到之前餐厅的例子，如果桌面的照度足够，但仍然觉得暗，那一定是餐厅中有其他比桌子更亮的东西在干扰我们的眼睛，这部分光强迫瞳孔收缩，使得来自桌面的反射光线无法完全投射到视网膜上，也许是一个广告灯箱，也可能是巨大的电视墙，也可能是灯具本身。

图 3.5.6　不适当的亮度比，街道可以看清，但商铺过暗

图 3.5.7　不适当的亮度比，商铺可以看清，但街道过亮

图 3.5.9　适合的亮度比，兼顾室内外照明效果（图片来源：名谷设计机构）

回到之前餐厅的例子，如果桌面的照度足够，但仍然觉得暗，那一定是餐厅中有其他比桌子更亮的东西在干扰我们的眼睛，这部分光强迫瞳孔收缩，使得来自桌面的反射光线无法完全投射到视网膜上，可能是一个广告灯箱，也可能是巨大的电视墙，还可能是灯具本身。

出光优质的灯具在照亮物体的同时，自身并不"明亮"。它发出的光线都在被照物上，没有进入人眼，我们观看这个空间就不会觉得灯"亮"。而出光劣质的灯具在照亮桌面的同时，也将光线射入人眼，我们就会觉得灯"很亮"。而当这个亮度达到一定限度时，就会强迫瞳孔收缩，使得周围的物体变"暗"。图 3.5.9、图 3.5.10 就是空间中的亮度比失衡的情况。

40

照明法则：如果觉得不够亮，不要简单地增加灯具，而要提高亮度比。

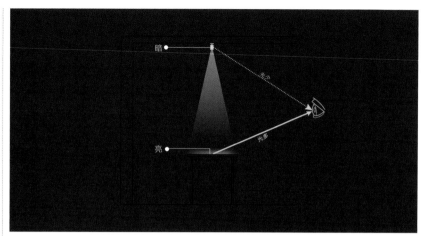

图 3.5.9　出光恰当的灯具，进入人眼的光少，所以大脑就会觉得桌面亮、灯暗

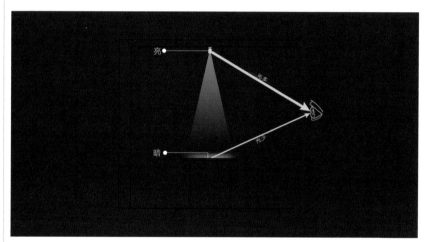

图 3.5.10　出光不恰当的灯具，进入人眼的光多，所以大脑就会觉得桌面暗、灯亮

　　应用实例：设计亮度，第一步是为所有表面较大的物体选择适当的反射系数。在工作场所，例如办公室，最小的反射系数推荐值如下：天花板，70%；竖向表面（例如墙壁），40%；地板，20%。应特别注意避免把墙壁粉刷成黑色。一块小小的黑木嵌镶板看上去或许相当醒目，但如果整面墙壁都是黑色，可能就令人十分压抑。

　　可以通过选择性照明，来加强对亮度比的控制。图 3.5.11 中，尽管工作平台上的照度已经足够了，但墙壁的亮度还不够。图 3.5.12 中，同一间屋子，只是竖向墙壁上增加了一些辅助的间接照明，整个空间就让人感觉很舒适。

图 3.5.11 工作平台上亮度足够，墙壁的亮度已补充

图 3.5.12 工作平台上亮度足够，墙壁的亮度不够

看了以上内容，我们用一个简单的问答来做一下总结：

问：如何让一个物体变暗？

答：在它周边放上更亮的物体。

后记

从事照明设计不知不觉间已有 15 个年头，在前行中了解了很多来自于室内设计顾问的困惑，他们受困于某些方案中所要实现的高质量的照明效果，不顾空间特性地追求着五星级酒店客房的标准，但真正好的照明却被忽视或不认同。现实中存在着各种过度照明设计，那些满布窄角度、高亮度比的空间，被定义为"高品质"照明空间。

光明与黑暗的设计，充分体现在室内空间的照明设计中。黑暗和光明所具有的属性是相对应的。探究完整的"黑暗—光明"是照明设计师的责任。在光明与黑暗中，我们还关注"影"，充分地协调自然光与人工光的关系。说起这份工作的职责可以讲很久。

我与编辑讨论过编写这本书的初衷，我们希望可以帮助到更多的室内设计顾问。在这里，我要感谢为这本书提供各方面支持的朋友和工作人员，再次致谢赵晨、袁微、丁琳、许滢滢。同时，感谢北美照明工程学会（IESNA）提供的数据，希望这些可以帮助大家在照明设计的道路上更好地向前走。